H. Stiefken

Stromversorgungen für die Elektronik

Mit 81 Abbildungen

Springer-Verlag
Berlin · Heidelberg · New York 1979

Dipl.-Ing. HANS STIEFKEN

Konstanz

ISBN 978-3-540-09057-1   ISBN 978-3-642-47471-2 (eBook)
DOI 10.1007/978-3-642-47471-2
CIP-Kurztitelaufnahme der Deutschen Bibliothek
Stiefken, Hans: Stromversorgungen für die Elektronik/H. Stiefken. —
Berlin, Heidelberg, New York: Springer, 1979.

Bindearbeiten: K. Triltsch, Würzburg
2061/3020-543210

Vorwort

In den letzten Jahren ist der Absatz in elektronischen Bauelementen unabhängig von wirtschaftlichen Entwicklungen stetig gestiegen. Zwangsläufig ist an den Absatz von Bauelementen auch der Absatz von Netzgeräten gekoppelt.
Bei den Bauelementen hat sich der Trend zur höheren Integration mit den verbesserten Herstellverfahren deutlich verstärkt. Das geht schon soweit, daß das für die Stromversorgung erforderliche Bauvolumen ähnlich groß ist wie der für die versorgte Elektronik erforderliche Raum.
Bei den Netzgeräten selbst wurden in den letzten Jahren durch die Fortschritte auf dem Gebiet der Halbleiterbauelemente neue Schaltungstechniken ermöglicht. Dadurch wurden neue Dimensionen für Bauvolumen, Wirkungsgrad und Leistungsbereich erschlossen. Mit den neuen Schaltungstechniken kamen neue Netzgeräte in einer solchen Vielzahl auf den Markt, daß der Überblick schwerfällt. Da aber die Anzahl der sinnvoll einsetzbaren Schaltungsprinzipien gering ist, wurde hier der Versuch unternommen, die benutzten Schaltungsvarianten sinnvoll zu ordnen. Der Trend zur Vereinheitlichung der Schaltungstechnik wird von den Herstellern integrierter Halbleiterschaltungen zum Einsatz in den Steuer- und Regelteilen der Netzgeräte unterstützt. Der Versuch einer systematischen Darstellung wird gerechtfertigt durch die begründete Annahme, daß nach der stürmischen Entwicklung der letzten Jahre die Entwicklung der Netzgeräte nun zu einem gewissen Abschluß gekommen ist. Die für Anwendungen in Netzgeräten wesentlichen Eigenschaften der in den Netzgeräten verwendeten Bauelemente werden beschrieben, spezielle Bauelemente ausführlich behandelt.

Ist es für den Fachmann schon schwierig, aus dem Angebot
des Marktes Netzgeräte mit bestimmten Eigenschaften aus-
zusuchen, so ist der Anwender mit diesem Problem über-
fordert. Um dem Anwender, der ja in einem Netzgerät nur
ein Bauelement sehen kann, bei der Auswahl seiner Stromversorgung zu helfen, wurden die Eigenschaften der Netzgeräte systematisch erläutert und die Grenzen der einzelnen
Ausführungsformen aufgezeigt. Dabei wurde eine einheit-
liche Beschreibung der einzelnen Parameter angewendet.
Eine Anleitung zur Prüfung von Netzgeräten soll es dem
Benutzer ermöglichen, sich in einfacher Weise ein Urteil
über die Eigenschaften und die Funktionsfähigkeit eines
Netzgerätes zu bilden.
Meinen langjährigen Mitarbeitern danke ich für viele Anre-
gungen und Ideen, dem Verlag sei Dank gesagt für die sorg-
fältige Ausführung dieses Buches.

Konstanz-Litzelstetten, im Februar 1979

H. Stiefken

Inhaltsverzeichnis

1 Grundlagen

1.1 Transformatoren

Transformatoren werden im Bereich der Stromversorgungsgeräte mannigfaltig eingesetzt für
— die Übertragung elektrischer Energie,
— die Transformation von Spannungen und Strömen, sowie zur
— galvanischen Trennung von Stromkreisen
Für alle diese Aufgaben werden Transformatoren, die bei Netzfrequenz oder bei variablen Frequenzen arbeiten, verwendet. Über Transformatoren für Netzfrequenz kann sich der Leser in Tabellen, DIN-Normen oder den Listen der Transformatorhersteller informieren. Die Eigenschaften von Transformatoren für veränderliche Frequenzen beschreibt die Theorie der Impulstransformatoren.

1.1.1 Theorie der Impulstransformatoren

Der ideale Transformator (Bild 1.1) ist durch folgende Eigenschaften charakterisiert:
1. Alle Eingangsspannungen stehen mit dem Übersetzungsverhältnis $ü$ übersetzt am Ausgang phasenrichtig und verzerrungsfrei zur Verfügung.
2. Alle Ausgangsströme müssen mit $1/ü$ übersetzt phasenrichtig und verzerrungsfrei am Eingang fließen können.
3. Der ideale Transformator verbraucht für sich selbst keine Energie.
4. Der ideale Transformator kann beliebig hohe Leistung übertragen.
Der reale Transformator hat ein Ersatzschaltbild nach Bild 1.2. Dieses Ersatzschaltbild beschreibt das Verhalten zwar nicht vollständig, ist aber für die meisten Fälle ausreichend genau.

Im einzelnen ist

r_1 der ohmsche Widerstand der Primärwicklung (einschließlich der Widerstandserhöhung durch den Skineffekt),

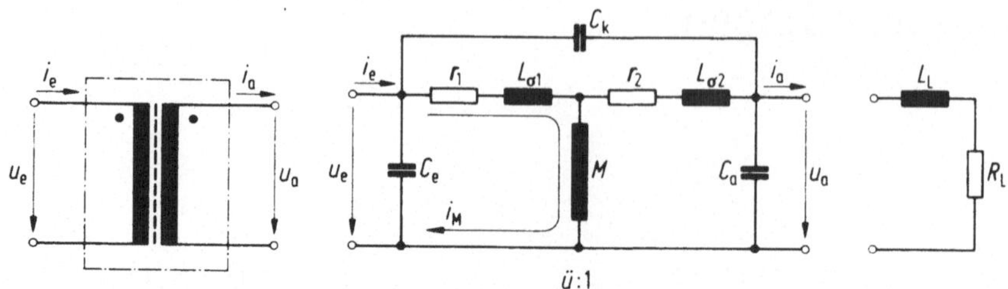

Bild 1.1. Der ideale Transformator

Bild 1.2. Ersatzschaltbild des nicht idealen Transformators

$L_{\sigma 1}$ die Streuinduktivität der Primärwicklung,

r_2 der ohmsche Widerstand der Sekundärwicklung (einschließlich der Widerstandserhöhung durch den Skineffekt),

$L_{\sigma 2}$ die Streukapazität der Sekundärwicklung,

C_e die Eingangskapazität,

C_a die Ausgangskapazität,

C_K die Kapazität zwischen Ein- und Ausgang,

M die Hauptinduktivität.

Ein einwandfrei entworfener, gut gefertigter und korrekt eingebauter Transformator zeichnet sich durch folgende Eigenschaften aus:

— Geringe ohmsche Widerstände.

— Großes Verhältnis M/L_σ.

— Kleine absolute Beträge der Streuinduktivitäten.

— Geringe Induktivität der Zuleitung zur Last, weil die Induktivität L_L sich zu $L_{\sigma 2}$ addiert.

Man kann diese Merkmale leicht in der Meßschaltung nach Bild 1.3 durch Ansteuerung mit Rechteckimpulsen überprüfen. Man geht in folgenden Schritten vor:

1. Oszillografieren von Ein- und Ausgangsspannung. Beide müssen unter Berücksichtigung des Übersetzungsverhältnisses nach Amplitude und Phase gleich sein. Ist $|u_e| > |u_a ü|$, so ist das Verhältnis

$$A = \frac{r_1 + j\omega L_{\sigma 1}}{j\omega M} \tag{1.1}$$

zu klein. Liegt eine Phasenverschiebung vor, so ist die Bedingung $r_1 \ll jwL_{\sigma 1}$ nicht erfüllt.

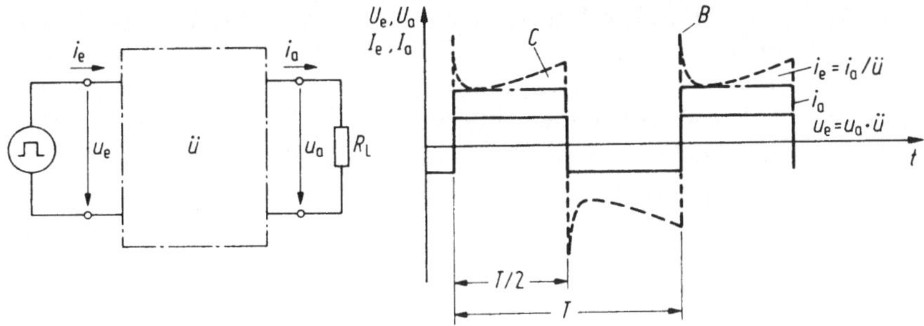

Bild 1.3. Zeitlicher Verlauf von Spannungen und Strömen bei einem realen Transformator

2. Oszillografieren von Eingangsstrom und Ausgangsstrom. Ist die Spitze des Eingangsstromes bei B in Bild 1.3 deutlich ausgeprägt, so ist die Eingangskapazität zu groß. Diese Spitze belastet nur den Generator. Die Differenz zwischen I_e und I_a, die Fläche C

$$C = \int_{t=0}^{t=T/2} i_M \, dt \tag{1.2}$$

ist proportional zur Arbeit des Magnetisierungsstromes. Die Größe der Fläche C stellt Verluste im Transformator dar und sollte daher so klein wie möglich gehalten werden. Dies erreicht man durch einen kleinen Wert von A in (1.1).
Der Magnetisierungsstrom sollte klein gehalten werden, weil er den Generator belastet und durch den Spannungsabfall

$$\Delta U = I_M(r_1 + j\omega L_{\sigma 1}) \tag{1.3}$$

das Amplitudenverhältnis des Transformators verschlechtert.

1.1.2 Der praktische Aufbau von Impulstransformatoren

Die Probleme des praktischen Aufbaus von Impulstransformatoren lassen sich in der Hauptsache zurückführen auf die folgenden Aufgaben:

1. *Ein geringer ohmscher Widerstand* (r_1, r_2) läßt sich erreichen durch einen hohen Füllfaktor (Verhältnis Kupferquerschnitt zu Isolationsquerschnitt). Der Kupferfüllfaktor ist für rechteckige Drahtquerschnitte höher als für runde; außerdem ist die Widerstandserhöhung durch den Skineffekt bei runden Drähten größer.

Die Widerstandserhöhung durch den Skineffekt ist für runde Drähte

$$\frac{R}{R_0} = 1 + \frac{x^4}{3} \qquad \text{für } x < 1, \tag{1.4}$$

$$\frac{R}{R_0} = x + \frac{1}{4} + \frac{3}{64\,x} \qquad \text{für } x > 1, \tag{1.5}$$

mit

$$x = 0{,}5r\,\sqrt{\pi f \varkappa \mu}\,. \tag{1.6}$$

Dabei ist R Widerstand bei der Frequenz f, R_0 Widerstand bei der Frequenz $f = 0$, r Radius des Leiters, f Frequenz, $\varkappa$ Leitfähigkeit des Leiters, μ Permeabilität.

Bild 1.4 zeigt die Frequenzabhängigkeit des Widerstandes runder Leiter aus Kupfer.

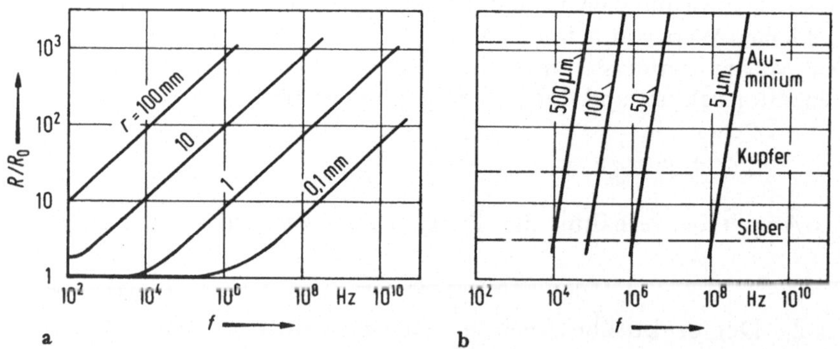

Bild 1.4a u. b. Frequenzabhängigkeit des Widerstandes von Leitern durch den Skineffekt. **(a)** Widerstandserhöhung runder Leiter aus Kupfer, **(b)** äquivalente Leitschichtdicke einiger Materialien

Bei Leitern aus Band oder Blech mit einer wesentlich größeren Breite als Dicke bestimmt man die Widerstandserhöhung durch den Skineffekt aus einer verringerten äquivalenten Leitschicht. Diese wird mit dem spezifischen Widerstand bei Gleichstrom in Ansatz gebracht. Die Dicke der Leitschicht in Abhängigkeit von der Frequenz zeigt für einige Materialien Bild 1.4. Der Kupferfüllfaktor ist für Transformatoren und Drosseln mit Wicklungen aus Band der höchste [1.1].

2. *Geringe Eisenverluste* lassen sich durch die Verwendung von kornorientierten Blechen geringer Dicke und — wenn die Frequenz genügend hoch ist — durch den Einsatz von Ferriten als Kernmaterial realisieren.

3. *Kleine Streuinduktivitäten* sind — wie wir später noch sehen werden — für Zerhackernetzgeräte außerordentlich wichtig. Man erreicht sie durch eine geeignete geometrische Anordnung der einzelnen Wicklungen auf dem Kern. In Bild 1.5 ist die Streuinduktivität für ver-

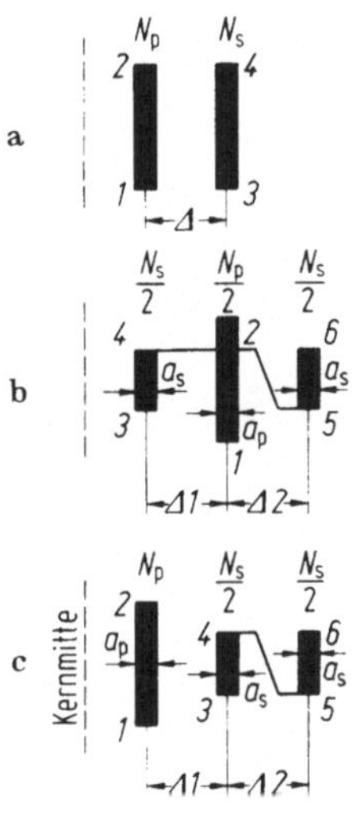

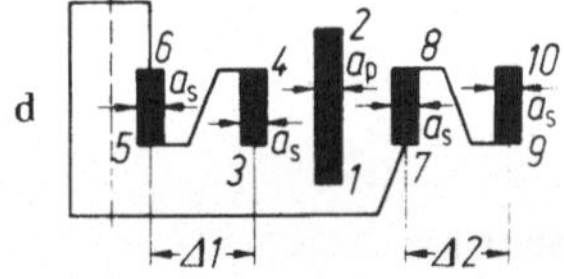

Bild 1.5 a—d. Streuinduktivität einiger Wicklungsanordnungen von Impulstransformatoren.

l = Länge einer Windung $[l] = \text{cm}$
a = mittlerer Umfang einer Lage $[a] = \text{cm}$
Δ = mittlerer Abstand zwischen zwei Lagen $[\Delta] = \text{cm}$
L_σ = Streuinduktivität $[L_\sigma] = \text{nH}$

schiedene Anordnungen der Wicklungen angegeben [1.11]. Eine
anschauliche Vorstellung besteht darin, daß bei einem Transformator
mit zwei Wicklungen diejenigen Flußlinien die Streuinduktivität
ergeben, die von der Primärseite erzeugt aber nicht mit der Sekundärseite verkoppelt sind.

In Netzgeräten kommen in der Hauptsache Transformatoren mit
Übersetzungen von hohen zu niedrigen Spannungen zum Einsatz,
es ist also $N_s \ll N_p$. Die hinsichtlich der Streuinduktivität günstigste
Anordnung scheint daher die nach Bild 1.5b zu sein. Führt man
die Sekundärwicklung in Kupferblech aus und macht die Primärwicklung in der Höhe kleiner als die Sekundärwicklung, kommt man
zu optimalen Ergebnissen.

4. Eine absolut genügend *große Hauptinduktivität* erzielt man durch
die Auswahl des Kernmaterials in Abhängigkeit von der Frequenz.
In Bild 1.6 sind die Magnetisierungskurven einiger typischer Kernmaterialien in einem Diagramm eingetragen. Es ergeben sich folgende
Anwendungsbereiche

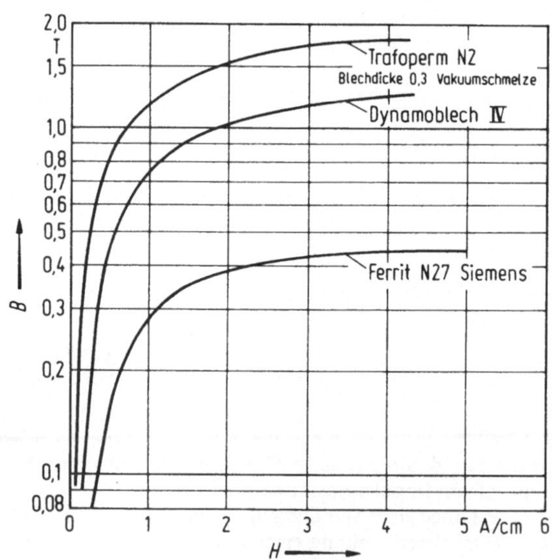

Bild 1.6. Typische Magnetisierungskennlinien einiger Kernmaterialien

für Netzfrequenz: Dynamobleche
für Frequenzen bis etwa 5 kHz: Kornorientierte Bleche
für Frequenzen über etwa 5 kHz: Ferrite
Die Verluste im Kern von Transformatoren mit sinusförmigen Spannungen werden den Datenblättern entnommen. Für Impulstransformatoren begnügt man sich bis heute mit der Grundwelle der Impulsspannung, da noch keine besseren Berechnungsverfahren üblich sind [1.2, 1.3, 1.5, 1.6].

1.2 Leistungstransistoren

1.2.1 Leistungstransistoren als Emitterfolger

In den meisten Netzgeräten mit Längsregler wird das Stellglied durch einen als Emitterfolger geschalteten Transistor realisiert. Der Arbeitsbereich des Transistors in seinem Kennlinienfeld ist in Bild 1.7 dargestellt. Einen ähnlichen Verlauf, wie die Kennlinien $I_C = f(U_{CE}, I_B)$ haben auch die Kennlinien $I_C = f(U_{CE}, U_{BE})$.
Arbeitet der Transistor mit den Kennlinien nach Bild 1.7 in der Grundschaltung eines Netzgerätes mit Längsregler nach Bild 1.8 muß man an den ordnungsgemäßen Betrieb dieses Transistors folgende Anforderungen stellen:

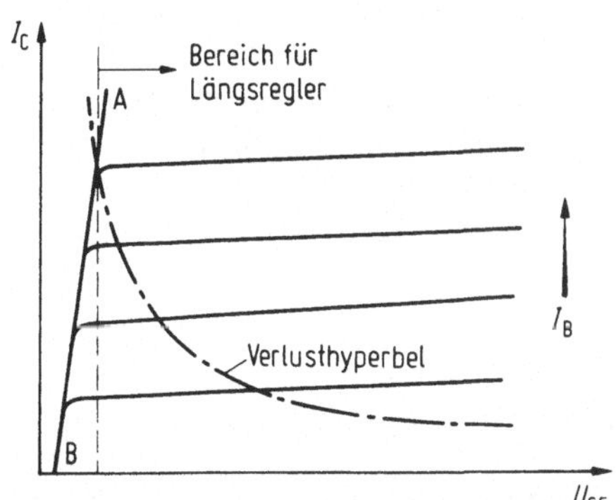

Bild 1.7. Statische Kennlinien $I_C = f(U_{CE}, I_B)$

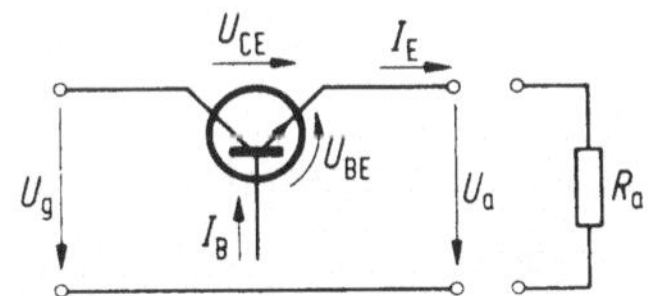

Bild 1.8. Emitterfolger in der Grundschaltung eines Netzgerätes mit Längsregler

1. Die zulässige Verlustleistung

$$P_{\mathrm{V}} = I_{\mathrm{C}} U_{\mathrm{CE}} + I_{\mathrm{B}} U_{\mathrm{BE}} \qquad (1.7)$$

darf den zulässigen Wert nicht überschreiten.

2. Soll die Ausgangsspannung (Bild 1.8) den Wert U_{a} haben, muß $U_{\mathrm{g\,min}}$ mindestens um den Wert $\Delta U \geqq U_{\mathrm{CE\,max}}$ größer sein. Der Überschuß bestimmt sich aus dem Punkt, an dem der Transistor das Gebiet der Übersteuerung für ein bestimmtes Verhältnis $I_{\mathrm{C}}/I_{\mathrm{B}}$ verläßt. Diese Übersteuerungsgrenze wird in Bild 1.7 durch die Linie AB dargestellt.

3. Es muß ein genügender Basisstrom I_{B} zur Verfügung gestellt werden. Dabei ist an der Übersteuerungsgrenze für Si-Transistoren die Basisspannung U_{BE} höher als die Spannung U_{CE} zwischen Kollektor und Emitter.

Bei der Auswahl der für eine Emittererfolger-Schaltung verwendeten Leistungstransistoren sind die folgenden Eigenschaften des Transistors von Bedeutung:

$I_{\mathrm{C\,max}}$	maximaler Kollektorstrom im Dauerbetrieb bei konstanter Gehäusetemperatur,
$U_{\mathrm{CE\,max}}$	maximale Spannung zwischen Kollektor und Emitter,
$B = I_{\mathrm{C}}/I_{\mathrm{B}}$	die Großsignalstromverstärkung als Funktion des Kollektorstromes,
P_{V}	die Verlustleistung bei einer bestimmten Gehäusetemperatur,
$R_{\mathrm{th\,J \to G}}$	thermischer Widerstand von der Sperrschicht zum Gehäuse,
f_{t}	die Transitfrequenz, bei der die Stromverstärkung des Transistors gleich 1 ist. Mittels dieser Kenngröße werden die dynamischen Eigenschaften der Netzgeräte beschrieben, soweit diese durch den Längstransistor bestimmt werden.

1.2.2 Leistungstransistoren als Schalter

Verwendet man den Leistungstransistor als schnellen Schalter, so muß man unterscheiden zwischen

1. Leistungstransistoren mit $U_{\mathrm{CE}} < 150\,\mathrm{V}$.
2. Leistungstransistoren mit $U_{\mathrm{CE}} > 150\,\mathrm{V}$.

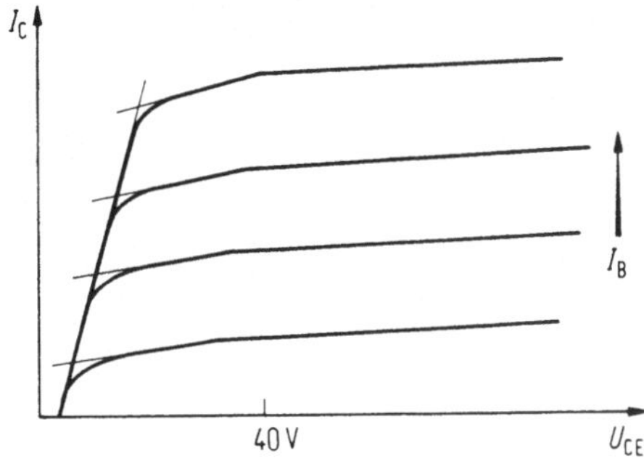

Bild 1.9. Typische statische Kennlinie $I_\text{C} = f(U_\text{CE}, I_\text{B})$ eines Hochspannungs-Leistungstransistors

3. Darlington-Transistoren, die häufig als ein Transistor aufgefaßt werden.

Diese Unterscheidung ist verständlich, wenn man bedenkt, daß diese Transistorentypen auch nach unterschiedlichen Verfahren hergestellt werden und unterschiedlich aufgebaut sind.

Leistungstransistoren mit niedriger Emitter-Kollektor-Spannung verhalten sich wie normale Schalttransistoren und werden hier als bekannt vorausgesetzt. Soll die Sperrspannung etwa 150 V überschreiten, verwenden die Hersteller eine Dreifachdiffusion; dadurch wird der Übergang vom A-Betrieb in den Sättigungsbereich weicher bei gleichzeitiger Erhöhung der Sättigungsspannung. Das typische $I_\text{C} = f(U_\text{CE}, I_\text{B})$-Kennlinienfeld eines solchen Transistors zeigt Bild 1.9.

Den verschiedenen Kennlinien der Transistoren entsprechen naturgemäß verschiedene Methoden der Ansteuerung.

Hochspannungs-Leistungstransistoren werden beim Einschalten generell an der Basis aus einer Stromquelle angesteuert, um die Kennlinie der Basis-Emitter-Diode zu linearisieren. Da keine weiteren Anforderungen als das schnelle Einschalten eines Basisstromes bestehen, genügt eine Schaltung nach Bild 1.10a.

Der Einschalt-Basisstrom ist

$$I_\text{B ein} = \frac{U_\text{p} - U_\text{BE}}{R_1}. \tag{1.8}$$

Der zeitliche Verlauf der Kollektor-Emitter-Spannung in Bild 1.10a ist gekennzeichnet durch ein rasches Absinken der Spannung bis auf einen Wert von etwa 40 V und das langsame weitere Absinken auf die

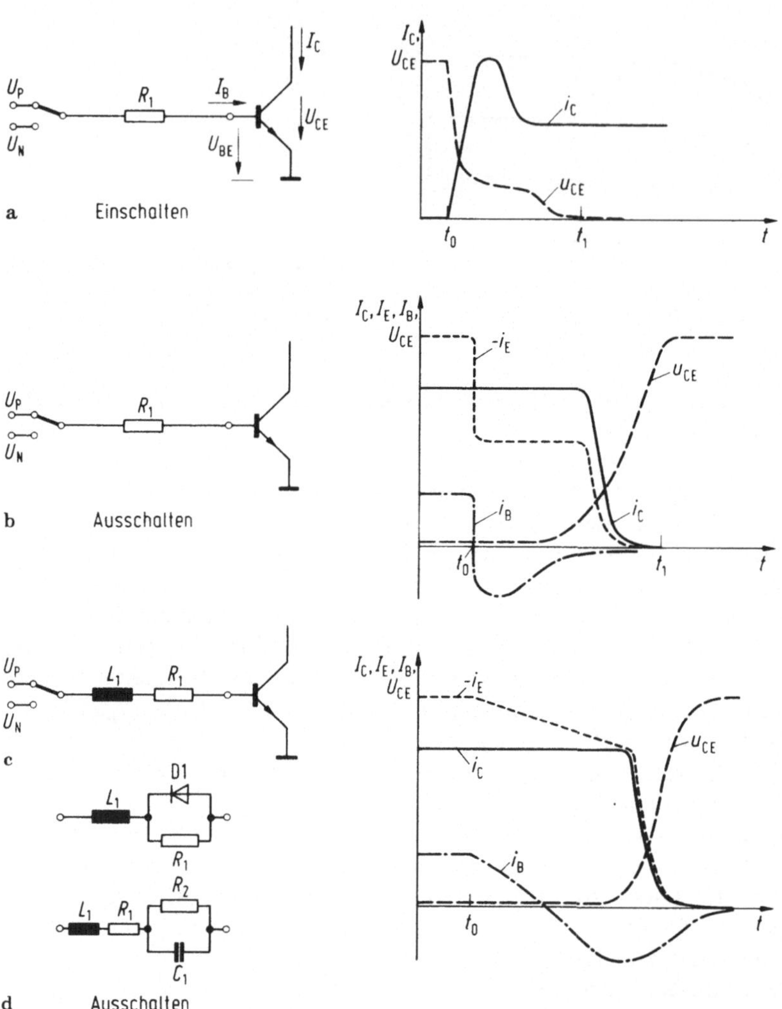

Bild 1.10a—d. Ansteuerung von Hochspannungs-Leistungstransistoren

Sättigungsspannung. Der prinzipielle Verlauf der Kurven für I_C und U_{CE} ist unabhängig von der eingestellten Stromverstärkung $B = I_C/I_B$ [1.7].

Die Verluste im Transistor beim Einschalten sind für einen einmaligen Vorgang

$$W_{ein} = \int_{t=t_0}^{t=t_1} i_C u_{CE} \, dt + U_{BE} \int_{t=t_0}^{t=t_1} i_B \, dt . \tag{1.9a}$$

Dabei kann man den zweiten Term, der die Basis-Emitter-Diode berücksichtigt, vernachlässigen, was wir in Zukunft tun werden.

Das *Ausschalten von Hochspannungs-Leistungs-Transistoren* kann nach den Schaltungen in Bild 1.10b bis d erfolgen.

In der Schaltung nach Bild 1.10a fließt zuerst ein negativer Basisstrom $I_{BN} = U_N/R_1$. Mit dessen Verschwinden wird der Transistor sperrfähig, I_C nimmt ab und U_{CE} wächst mit zunehmender Steigung an.

Eine Verbesserung dieser Schaltung im Sinne geringerer Ausschaltverluste

$$W_{aus} = \int_{t=t_0}^{t=t_1} i_C u_{CE} \, dt \tag{1.9b}$$

erzielt man durch eine „Slow-down-Drossel" nach Bild 1.10c. Ein negativer Spannungssprung von $U_P \to U_N$ an der Drossel L_1 hat einen zunächst angenähert linear absinkenden Basisstrom zur Folge, wodurch sich der Emitterstrom verringert. Dadurch wird der Transistor — nachdem der Basisstrom genügend negativ ist — schneller sperrfähig.

Aus dem bisher gesagten ergibt sich, daß

1. das Einschalten von Hochspannungs-Leistungstransistoren mit eingeprägtem Strom,
2. das Ausschalten von Hochspannungs-Leistungstransistoren mit eingeprägter Spannung erfolgen sollte. In Bild 1.10d sind Schaltungen angegeben, die diese Anforderungen bei Speisung aus einer Spannungsquelle erfüllen [1.7, 1.8].

Darlington-Transistoren als schnell schaltende Hochspannungs-Leistungstransistoren stellen geringere Anforderungen an ihre Ansteuerung. Bei ihnen genügt eine Ansteuerung mit eingeprägter Basisspannung beim Einschalten und beim Ausschalten. Eine typische Schaltung sowie den Spannungs- und Stromverlauf zeigt Bild 1.11.

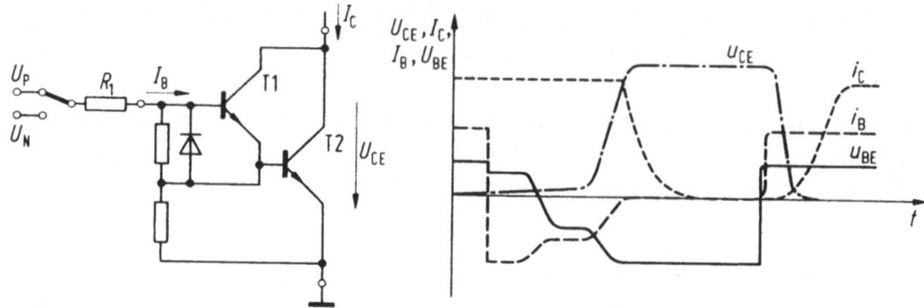

Bild 1.11. Ansteuerung und Verlauf von I_C und U_{CE} bei einem Darlington-Transistor

Auffällig ist das stetige Ansteigen der Kollektorspannung, das aus der wesentlich höheren Stromverstärkung resultiert. Wesentlich ist die starke Abhängigkeit der Sperrverzögerung vom Verhältnis der tatsächlichen Stromverstärkung I_C/I_B und die Abhängigkeit der Schaltzeiten t_r und t_f vom Verhältnis I_C/I_B.

Ein brauchbares Optimum liegt bei etwa $I_C/I_B \approx 20$ [1.9].

Das „*Safe Operating Area*" ist allen als Schalter betriebenen Transistoren gemeinsam. Das SOAR gibt an, welche Werte und für welche Zeiten Kollektorstrom und -Spannung zwischen Emitter und Kollektor gleichzeitig annehmen dürfen. Bei Transistoren für kleine Leistungen ist dieses betriebssichere Gebiet bedeutungslos, weil die Schaltzeiten sehr kurz sind und deshalb die auftretende Verlustwärme vernachlässigbar ist.

Bei Leistungstransistoren liegen die Augenblickswerte der Schaltverluste häufig höher als die zulässigen Gesamtverluste. Ein typisches Safe Operating Area zeigt Bild 1.12. Dieses Bild [1.8—1.10] besteht aus einer Zusammenfassung der folgenden Betriebszustände:

1. Im Dauerbetrieb darf die hier eingezeichnete Grenze „DC-Betrieb" nicht überschritten werden, weil sonst die Verlustleistung zu hoch wird.

2. Im Impulsbetrieb ist meist ein höherer Kollektorstrom zulässig; dieser Impulsbetrieb ist mit einem Tastverhältnis (duty cycle) — meist 1% — festgelegt und angegeben.

3. Bei kurzzeitigen Belastungen von z. B. 100 oder 10 ms wird wegen der geringeren erzeugten Verlustwärme der Arbeitsbereich über den DC-Betrieb hinaus erweitert.

4. Oberhalb von gewissen Energien kommt es im Transistor zu Zer-

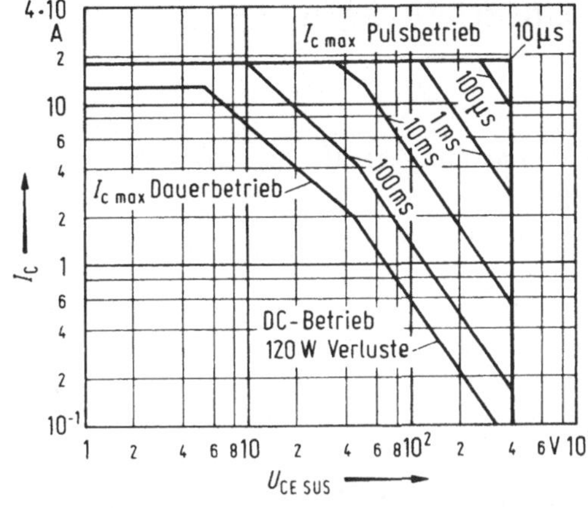

Bild 1.12. Typische SAFE-OPE-RATING-AREA-Kurven eines Darlington-Transistors

störungen im Kristall (second breakdown). Die schrägen Linien — im SOAR-Diagramm rechts — stellen Begrenzungslinien konstanten Energieinhaltes dar.

5. Am Schnittpunkt der $U_{CE\,sus}$- und $I_{C\,max\,Puls}$-Linien — also an den Grenzdaten des Transistors — darf man beim hier gewählten Beispiel den Transistor nur während 10 µs betreiben (und das bei einem Tastverhältnis von 1 %).

Die Berücksichtigung des Safe Operating Area entbindet den Entwerfer einer Schaltung nicht davon, die gesamte im Transistor erzeugte Verlustwärme zu ermitteln, auf Verträglichkeit zu überprüfen und abzuführen [1.10].

Nach der Behandlung der Schalteigenschaften der Hochspannungs-Leistungstransistoren müssen wir die Liste der interessierenden Transistoreneigenschaften wie folgt erweitern:

t_r Anstiegszeit, d. h. die Zeit der ansteigenden Flanke,

t_f Abfallzeit, d. h. die Zeit der abfallenden Flanke,

t_{st} Speicherzeit, d. h. die Zeit zwischen der Ansteuerung an der Basis und der ansteigenden Flanke,

$U_{CE\,sus}$ die Sustaining Spannung, die bei einem bestimmten Kollektorstrom definiert und kleiner ist als

U_{CE0} die Sperrspannung beim Kollektorstrom $I_C = 0$,

t_d Verzögerungszeit; beim Einschalten ist sie bedeutungslos und wird daher vernachlässigt.

1.3 Dioden und Gleichrichterschaltungen

1.3.1 Dioden

Im Anwendungsbereich Stromversorgungsgeräte kommen folgende Gleichrichtertypen zum Einsatz:
1. Logikdioden für Ströme im Bereich von einigen mA und Sperrspannungen bis etwa 50 V.
2. Dioden zur Gleichrichtung im Bereich der Netzfrequenz mit Sperrspannungen bis zu 600 V und Strömen bis zu 100 A.
3. Fast-recovery-Dioden zeichnen sich im gleichen Spannungs- und Strombereich durch kürzere Sperr-Erholzeit aus.
4. Schottky-Barrier-Dioden haben die geringste Sperr-Erholzeit und lassen Ströme bis zu 100 A bei allerdings geringen Sperrspannungen bis 50 V zu.

Die Eigenschaften aller dieser Dioden werden durch folgende Kenngrößen beschrieben:

U_R Sperrspannung ist die Spannung, welche die Diode im Dauer- bzw. Impulsbetrieb noch sicher sperren kann,

U_F die vom Strom abhängige Flußspannung gibt die Spannung einer in Flußrichtung betriebenen Diode an,

I_F der zulässige Strom in Flußrichtung. Auch hier wird zwischen verschiedenen Belastungen — von einem Gleichstrom bis zu einem einmaligen Stromimpuls — unterschieden,

t_{rr} die Sperrverzögerung ist die Zeit, welche die Diode benötigt um — von einem bestimmten Vorwärtsstrom I_F auf eine Sperrbedingung umgeschaltet — den Sperrstrom auf einen definierten Wert abklingen zu lassen,

I_R der Sperrstrom, der bei einer angegebenen Sperrspannung und einer bestimmten Temperatur fließt,

$R_{th\,J\to G}$ ist der thermische Widerstand von der Sperrschicht bis zum Gehäuse.

Die einzelnen Parameter sind in Bild 1.13 erläutert. Die Sperrverzögerung liegt bei Gleichrichterdioden im Bereich von Mikrosekunden, für Fast-recovery-Dioden bei 100 ns, und für Schottky-Barrier-Dioden wie für Logikdioden im Bereich weniger Nanosekunden und darunter.
Der thermische Widerstand ist eine Funktion der Gehäuseausführung und wird im Abschnitt 1.5 über Kühlung noch näher erläutert.

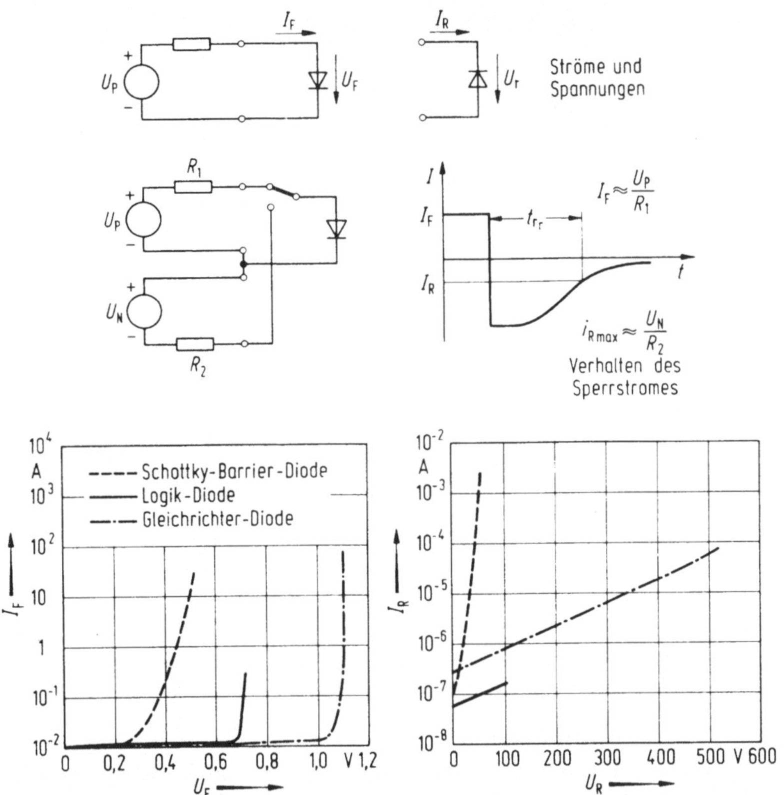

Bild 1.13. Ströme, Spannungen, dynamisches Verhalten und statische Kennlinien verschiedener Dioden

Zenerdioden (Z-Dioden) dienen zum Verschieben einer Spannung und zum Stabilisieren einer veränderlichen Spannung. Die Kennlinie der Zenerdiode zeigt Bild 1.14. Die Z-Diode zeigt zwei ausgeprägte Bereiche mit einem hohen bzw. niedrigen differentiellen Widerstand.

$$R_z = \frac{\mathrm{d}u_z}{\mathrm{d}i_z}. \tag{1.10}$$

Der Übergang zwischen den einzelnen Bereichen hohen und niedrigen differentiellen Widerstandes wird mit kleiner werdender Zenerspannung

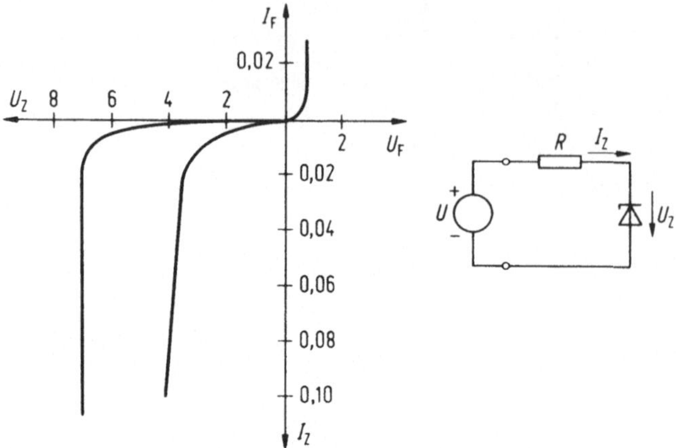

Bild 1.14. Zenerdiode: Strom, Spannung und Kennlinie

immer weicher und der differentielle Widerstand immer geringer. Die Zenerspannung hat einen starken Temperaturkoeffizienten, der unter etwa 5 V negativ und oberhalb von etwa 5 V positiv ist. Zur Kompensation des Temperaturganges verwendet man normale Siliziumdioden. Soll die Z-Diode zur Erzeugung einer stabilen Spannung verwendet werden, muß sie mit einem konstanten Strom betrieben werden.

Zur Unterdrückung von Spannungsspitzen verwendet man sogenannte *Supressor-Dioden*. Diese sind Z-Dioden, welche eine hohe Kapazität haben und in der Lage sind, kurzfristig hohe Augenblicksleistungen in Wärme umzusetzen. Diese Dioden können eine hohe Impulsbelastung, aber nur eine geringe Dauerbelastung vertragen. Dabei geht die Impulsbelastbarkeit bis in den Kilowatt-Bereich, bei einer Dauerbelastung von nur wenigen Watt. Der Vorteil gegenüber RC-Kombinationen liegt in der Zenerspannung begründet, da bis zum Erreichen dieser Spannung kein oder ein nur geringer Strom fließt. Wird die angelegte Spannung höher als die Zenerspannung, wird der differentielle Widerstand wesentlich kleiner.

1.3.2   Gleichrichterschaltungen

Bei den Schaltungen zur Gleichrichtung unterscheidet man zwischen Einwegschaltungen, Mittelpunktschaltungen und Brückenschaltungen

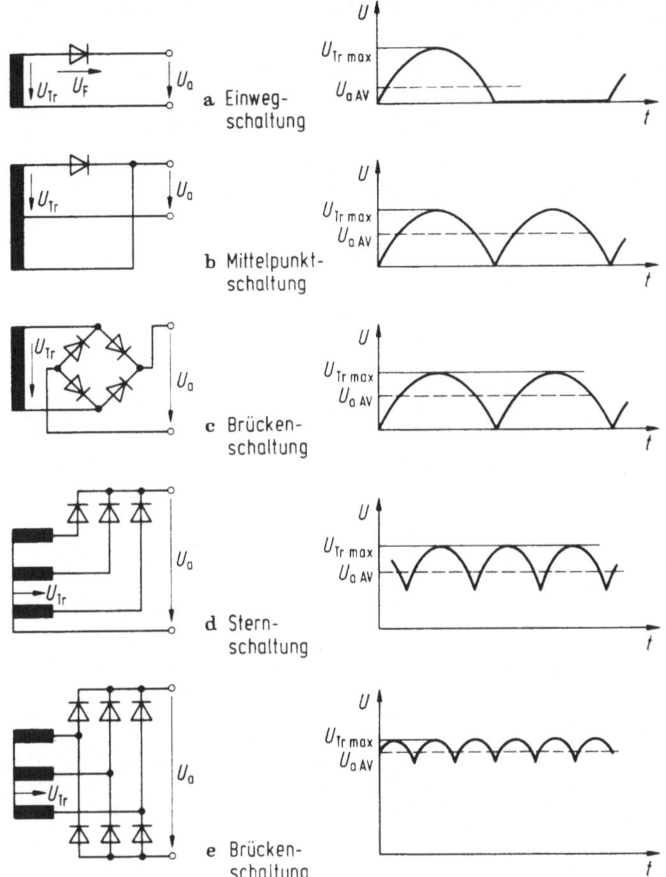

Bild 1.15a—e. Die gebräuchlichsten Gleichrichterschaltungen

für eine oder mehrere Phasen. In Bild 1.15 sind die gebräuchlichsten Schaltungen angegeben. Im einzelnen ergeben sich folgende Anwendungsgebiete

Einwegschaltungen verwendet man bei sinusförmigen Spannungen, zur Spitzenwertgleichrichtung sowie bei Durchflußwandlern.

Mittelpunktschaltungen finden dann Anwendung, wenn die Flußspannung der Diode eine Rolle spielt.

Bei *Brückenschaltungen* sind immer zwei Dioden in Reihe geschaltet. Mehrphasige Schaltungen erlauben es, die Restwelligkeit gering zu halten. Weiterhin wird für eine bestimmte Ausgangsleistung die Baugröße des Transformators mit zunehmender Phasenzahl kleiner.

Für sinusförmige Spannungen lassen sich die Zusammenhänge zwischen

U_{0AV} dem arithmetischen Mittelwert der Ausgangsspannung,

U_{aTrRMS} dem Effektivwert der Transformator-Ausgangsspannung,

I_{aAV} dem arithmetischen Mittelwert des Ausgangsstromes,

I_{FAV} dem arithmetischen Mittelwert des Gleichrichterstromes

und der zu übertragenden Leistung des speisenden Transformators festlegen. Für impulsförmige Ströme und Spannungen setzt man entweder eine rechteckige Form an oder begnügt sich mit der Näherung der Grundwelle.

Eine Zusammenstellung verschiedener Werte zeigt Tabelle 1.1 [1.12 bis 1.14].

Tabelle 1.1. Zusammenstellung der charakteristischen Werte einiger Gleichrichterschaltungen

| Schaltung | Einphasen-Gleichrichterschaltungen | | | | | Drehstrom-Gleichrichterschaltungen | | | |
| | Einweg-schaltung | Mittelpunkt-schaltung | | Brücken-schaltung | | Stern-schaltung | | Drehstrom-Brücken-Schaltung | |
Belastung	R	R	L	R	L	R	L	R	L
U_{aAV}/U_{TrRMS}	0,450	0,900		0,900		1,170		2,34	
$U_{a\,max}/U_{aAV}$	3,140	1,570		1,570		1,210		1,050	
I_{FRMS}/I_{aAV}	1,570	0,785	0,707	0,785	0,707	0,577		0,408	
I_{TrRMS}/I_{aAV}	1,570	0,785	0,707	1,110	1,0	0,588	0,577	0,816	
$P_{TrSek}/I_{aAV}U_{aAV}$	3,480	1,740	1,570	1,230	1,110	1,500	1,480	1,050	
$P_{TrPrim}/I_{aAV}U_{aAV}$	3,480	1,230	1,110	1,230	1,110	1,500	1,121	1,050	
f_{Wa}/f_{Netz}	1	2		2		3		6	
Welligkeit der Grundwelle	111 %	47,1 %		47,1 %		17,7 %		4 %	
Welligkeit mit Oberwellen	121 %	48,3 %		48,3 %		18,3 %		4,2 %	

1.4   Filter für gleichgerichtete Wechselspannungen

Filter für Netzgeräte werden in aller Regel als Tiefpaß aus Elektrolytkondensatoren und Drosseln aufgebaut. Die Eigenschaften dieser Bauelemente sollen daher hier im Hinblick auf ihren Einsatz zur Filterung gleichgerichteter Netzspannungen besprochen werden. Filter für Frequenzen über 10kHz werden in Zerhackernetzgeräten eingesetzt und in Abschnitt 2.6 ausführlich behandelt.

1.4.1   Die Eigenschaften von Elektrolytkondensatoren

Elektrolytkondensatoren („Elkos") sind als Aluminium-Elektrolytkondensatoren und als Tantal-Elektrolytkondensatoren auf den Markt. Kapazität, Bauform und -größe sowie eine Reihe von Eigenschaften sind nach DIN 40046 genormt.
Elektrolytkondensatoren sind grundsätzlich gepolt. Bei Aluminium-Elektrolytkondensatoren sind auch ungepolte Ausführungen erhältlich. Diese haben aber bei gleicher Kapazität das zwei- bis dreifache Volumen der gepolten Ausführung.
Der Unterschied zwischen Elektrolyt-Kondensatoren für allgemeine Anforderungen und für erhöhte Anforderungen verwischte sich in den letzten Jahren mehr und mehr, weil bekannt wurde, daß beide Typen aus den gleichen Fertigungslinien stammen [1.14, 1.15].
Die Nennkapazität von Elektrolytkondensatoren ist mit großen Toleranzen behaftet und hat einen Temperaturgang, der auch noch von der Nennspannung abhängt (siehe Bild 1.16).
Die Nennspannung eines Elektrolytkondensators ist die Spannung, die als Betriebsspannung auftreten darf. Spitzenspannungen dürfen in einer Stunde höchstens 5mal auftreten und dabei die Werte

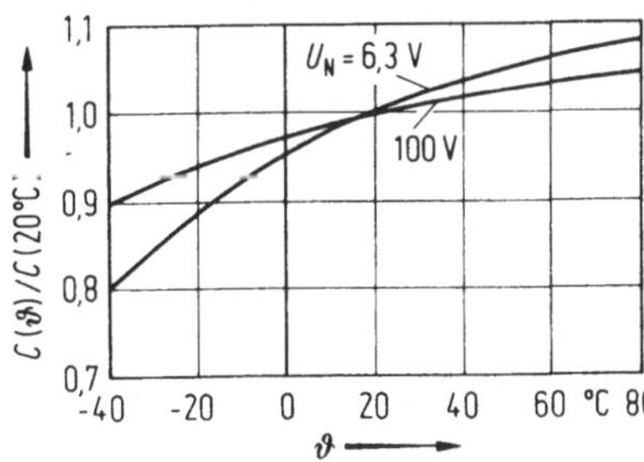

Bild 1.16. Abhängigkeit der Kapazität von Aluminium-Elektrolytkondensatoren von Nennspannung und Temperatur

$$U_s \lessapprox 1,15 U_N \qquad \text{für} \quad U_N \leqq 100 \text{ V} \qquad\qquad (1.11)$$
$$U_s \lessapprox 1,10 U_N \qquad \text{für} \quad U_N > 100 \text{ V} \qquad\qquad (1.12)$$

nicht überschreiten.

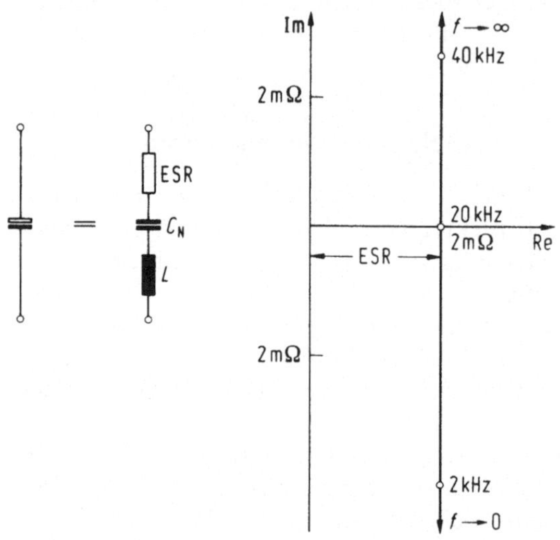

Bild 1.17. Ersatzschaltbild und typische Ortskurve des Widerstandes eines Aluminium-Elektrolytkondensators 1000 µF, 40 V

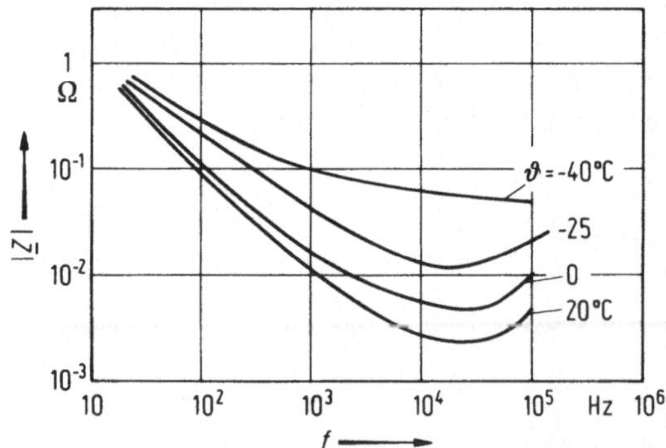

Bild 1.18. Typischer Betrag des Scheinwiderstandes als Funktion von Temperatur und Frequenz für einen Aluminium-Elektrolytkondensator 1000 µF, 40 V

Das für unsere Anwendungen angebrachte Ersatzschaltbild von Elektrolytkondensatoren zeigt Bild 1.17. Aus diesem Ersatzschaltbild leitet sich die eingezeichnete Ortskurve ab. Die Hersteller geben in ihren Datenblättern nur den Betrag des Scheinwiderstandes als Funktion der Frequenz an. Dieser weist bei der „Resonanzfrequenz" ein mehr oder weniger ausgeprägtes Minimum auf.

Der Widerstand bei der „Resonanzfrequenz" wird mit ESR bezeichnet und ist stark temperaturabhängig, wie Bild 1.18 bei einem willkürlich gewählten Aluminium-Elektrolytkondensator zeigt.

Der zulässige Wechselstrom in Elektrolytkondensatoren wird durch die erzeugte Verlustwärme bestimmt.

Tantal-Elektrolytkondensatoren unterscheiden sich von den Aluminium-Elektrolytkondensatoren lediglich durch

— wesentlich höhere „Resonanzfrequenz",

— höheren ESR,

— geringere mögliche Nennspannung,

— geringere Temperaturabhängigkeit der Nennkapazität und des Scheinwiderstandes,

— Nennkapazität,

— geringere mögliche Kapazitätswerte,

— geringeren zulässigen Wechselstrom.

Den typischen Verlauf des Betrages des Scheinwiderstandes in Abhängigkeit von Frequenz und Temperatur zeigt Bild 1.19.

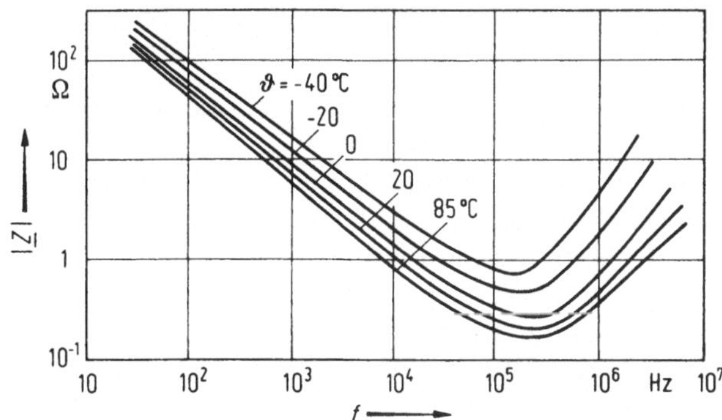

Bild 1.19. Typischer Verlauf des Betrages des Scheinwiderstandes als Funktion von Frequenz und Temperatur für einen Tantal-Elektrolytkondensator 33 µF, 63 V

Aluminium-Elektrolytkondensatoren eignen sich vorzugsweise für die Siebung gleichgerichteter Wechselspannungen, vor allem für hohe Spannungswerte und für Filteranwendungen, sofern es darauf ankommt, bei gegebener Spannung höchste Kapazitätswerte auf möglichst kleinem Raum unterzubringen.

Tantal-Elektrolytkondensatoren sind vor allem für Anwendungen in einem Frequenzbereich geeignet, der den Aluminium-Elektrolytkondensatoren verschlossen bleibt. Dazu gehört insbesondere die Stützung von Speisespannungen auf Schaltkreiskarten (siehe Abschnitt 4.4).

1.4.2   Drosseln

Auch Drosseln sind wegen ihrer Fähigkeit, erhebliche Energie pro Volumeneinheit zu speichern, zur Siebung von Gleichspannungen mit überlagerter Wechselspannung geeignet. Für Netzgeräte typisch ist die Drossel mit Gleichstrom-Vormagnetisierung.

Die Induktivität einer Drossel berechnet sich zu

$$L = \frac{N^2 \mu_0 \mu_w A_{Fe}}{l_{Fe}}, \qquad (1.13)$$

mit der Induktivität L in H (H = Vs/Acm), der magnetischen Feldkonstante μ_0

$$\mu_0 = 1{,}257 \cdot 10^{-8} \text{ Vs/Acm} ,$$

der wirksamen Permeabilität μ_w, $[\mu_w] = 1$, dem Eisenquerschnitt A_{Fe} in cm^2 und der Länge des Eisenweges l_{Fe} in cm.

Die für den Arbeitspunkt wirksame Permeabilität μ_w ist abhängig von:
1. Der Magnetisierungskennlinie des verwendeten Kernmaterials.
2. Dem Arbeitspunkt auf dieser Magnetisierungskennlinie.
3. Dem Aussteuerbereich um diesen Arbeitspunkt herum.

Aus der Magnetisierungskennlinie in Bild 1.20 kann man für einen Arbeitspunkt und eine überlagerte Wechseldurchflutung entnehmen

$$\mu_0 \mu_w \approx \frac{B_{max} - B_{min}}{H_{max} - H_{min}}. \qquad (1.14)$$

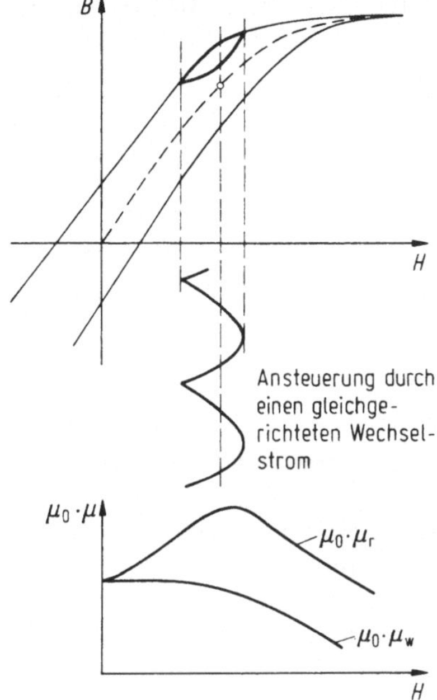

Bild 1.20. Wirksame und relative Permeabilität eines Drosselkernes als Funktion der Durchflutung

Im Gegensatz dazu ist die relative Permeabilität

$$\mu_r = \frac{B}{H\mu_0}.$$
(1.15)

Wie man aus Bild 1.20 erkennt, ist die die Induktivität einer Drossel bestimmende wirksame Permeabilität μ_w stark von der Durchflutung abhängig. Will man μ_w linearisieren, verwendet man eine Drossel mit Luftspalt.

Die Berechnung einer Drossel mit Luftspalt erfolgt nach einem Iterationsverfahren, das darauf beruht, daß der magnetische Fluß in Drossel und Luftspalt gleich ist, und daß die Induktion im Eisen gleich der Induktion im Luftspalt ist. Es gilt

$$\Theta = IN = \Phi(W_L + W_{Fe}) = \Phi\left(\frac{l_{Fe}}{A_{Fe}\mu_0\mu_w} + \frac{l_L}{A_{Fe}\mu_0}\right).$$
(1.16)

Der magnetische Widerstand des Luftspaltes ist meist größer als der des Eisenweges. Man benutzt als Näherung daher häufig für die Induktivität einer Spule:

$$L = \frac{N^2 \mu_0 A_{\mathrm{Fe}}}{l_{\mathrm{L}}}. \qquad (1.17)$$

Es gibt noch eine Reihe von Berechnungsverfahren für gleichstromvormagnetisierte Drosseln [1.14], die sicherlich alle zu Ergebnissen führen. Da aber die meßtechnische Bestätigung solcher Ergebnisse nicht einfach ist, geht man in der Praxis zwei Wege:

1. Man läßt sich die Drossel von einem Hersteller anfertigen. Dieser Hersteller kennt dann genauestens die Daten seiner Kernwerkstoffe und verfügt über Erfahrungen mit der Aufweitung der Feldlinien im Luftspalt.
2. Man sucht ein nach Verlusten und Frequenzgebiet geeignetes Kernmaterial aus. Die Größe des Kerns bestimmt man aus der Stromdichte, die im Wickel zulässig ist und aus der Anzahl der nach (1.17) benötigten Windungen. Den Abgleich führt man dann durch Veränderung des Luftspaltes durch.

1.4.3 Filter für gleichgerichtete Wechselspannungen

Filter zur Glättung von gleichgerichteten Wechselspannungen haben den Charakter eines Tiefpasses. Von den verschiedenen möglichen Tiefpaßschaltungen kommen für Netzgeräte Schaltungen mit Widerständen wegen der Verlustleistung nur selten in Frage. Induktivitäten und Kapazitäten kann man als Tiefpaß nach Bild 1.21 schalten. Die beiden in ihrem Frequenzverhalten gleichen Schaltungen unterscheiden sich in ihrer Eingangsimpedanz, d. h. in dem Strom, der aus dem Generator in den Tiefpaß hineinfließt. Bei Netzgeräten ist dieser Generator immer mit einem endlichen Innenwiderstand und mit einer begrenzten Strom-

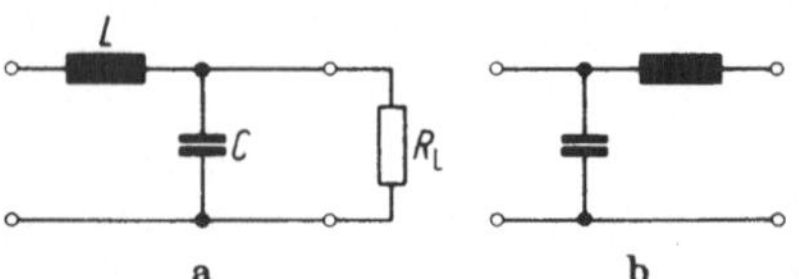

Bild 1.21 a u. b. Tiefpaßschaltungen aus L und C

ergiebigkeit behaftet. Daher kommt für Netzgeräte nur die Schaltung nach Bild 1.21 a in Frage.

Der Siebfaktor eines Filters im quasistationären Betrieb ist definiert zu

$$\underline{S}(j\omega) = \frac{\underline{U}_e(j\omega)}{\underline{U}_a(j\omega)} \, . \tag{1.18}$$

Darin sind $\underline{U}_e$ und $\underline{U}_a$ die frequenzabhängigen Wechselspannungskomponenten vor und nach dem Filter.

Für das LC-Filter ist

$$\underline{S} = 1 - \omega^2 LC + j\omega \, \frac{L}{R} \tag{1.19}$$

mit dem Betrag

$$\underline{S} = 1 + \omega^2 \left(\frac{L^2}{R_L^2} - 2LC \right) + \omega^4 L^2 C^2 \, . \tag{1.20}$$

Wenn die Resonanzfrequenz von L und C

$$\omega_0^2 = \frac{1}{LC} \tag{1.21}$$

mit der Frequenz ω zusammentrifft, gibt es Resonanzüberhöhungen, die vom Innenwiderstand der speisenden Quelle und vom Lastwiderstand abhängen. Um ein Tiefpaßverhalten zu bekommen, muß die zu filternde Frequenz also immer um den Faktor 2 bis 3 höher als die Resonanzfrequenz des Filters sein.

Für diesen Fall ist Gleichung (1.20) in Bild 1.22 graphisch dargestellt; die Resonanzüberhöhungen sind nur qualitativ angedeutet.

Im quasistationären Fall ist das Filter sozusagen „eingeschwungen", die Umspeicherung der Energie von der Induktivität zur Kapazität und umgekehrt verläuft periodisch bei konstanter Belastung am Ausgang des Filters.

Ändert man den Lastwiderstand schlagartig, so muß sich das Filter auf einen neuen quasistationären Zustand einschwingen. Dies geschieht durch gedämpfte Schwingungen. Der für Filter in Netzgeräten beste

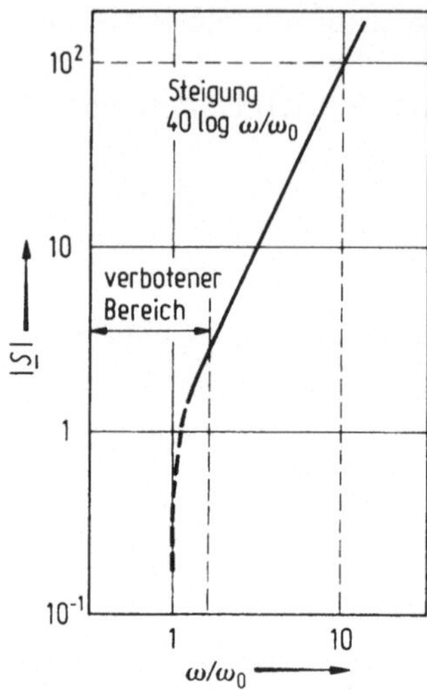

Bild 1.22. Siebfaktor eines LC-Filters

Übergang ist der aperiodisch gedämpfte Übergang von der alten zur neuen Ausgangsspannung des Filters. Den aperiodisch gedämpften Übergang erreicht man, wenn man

$$\sqrt{\frac{L}{C}} \sim R_\text{L} \tag{1.22}$$

macht. Fehlanpassungen in der Größenordnung von

$$2{,}0\sqrt{\frac{L}{C}} > R_\text{L} > 0{,}5\sqrt{\frac{L}{C}} \tag{1.23}$$

ergeben keine wesentliche Abweichung vom aperiodischen Übergang.

Filter zur Glättung gleichgerichteter Wechselspannungen müssen nach den folgenden Gesichtspunkten dimensioniert werden:

1. Der arithmetische Mittelwert U_aAV der Gleichspannung soll einen vorgegebenen Wert haben.
2. U_aAV ist überlagert mit einer Wechselspannung. Von dieser interessieren der zeitliche Maximal- und der Minimalwert.

3. Das Filter muß an die Belastung „angepaßt" sein, um Überschwinger
    bei Laständerungen zu vermeiden.

Für überschlägige Berechnungen des Kondensators benutzt man vorteilhaft die Bezeichnung

$$C \, \Delta U = I \, t \, .$$
(1.24)

Darin ist

ΔU die Spannungsdifferenz am Kondensator,
t die Zeit, die der Kondensator puffern muß.

Die Größe der Drossel ergibt sich dann aus (1.22).

1.5   Die Kühlung von Halbleiter-Bauelementen

Die in Netzgeräten Verwendung findenden Halbleiter-Bauelemente erzeugen vorzugsweise im Leistungsteil große Wärmemengen. Diese müssen vom Entstehungsort — dem räumlich kleinen Halbleiterkristall —
an das Kühlmittel abgegeben werden. Auf diesem Wege treten folgende
thermische Widerstände auf:
1. $\Theta_{J \to G}$ der thermische Widerstand vom Kristall zum Gehäuse. Der
    Halbleiterhersteller liefert dafür die Zahlenwerte, z. B. für Leistungs-
    transistoren 1,5 K/W (Kelvin/Watt).
2. $\Theta_{G \to Kk}$ der Übergangswiderstand zwischen Gehäuse und Kühlkörper
    wird durch die Unebenheiten der Auflagefläche hervorgerufen und
    liegt bei etwa 0,1 bis 0,3 K/W für T03-Gehäuse. Man kann diesen
    Wert durch die Verwendung von Wärmeleitpaste senken.
3. $\Theta_{Kk \to L}$ der thermische Widerstand vom Kühlkörper zur Luft muß
    den Angaben des Herstellers entnommen werden. Die verschiedensten
    Hersteller bieten Kühlkörper vom kleinen Kühlstern für ein T05-
    Gehäuse mit 80 K/W bis zu bizarren und voluminösen Gebilden
    mit etwa 2 K/W in ruhender Luft an.
    Reichen diese Werte nicht aus, so muß man eine Zwangskühlung
    verwenden, d. h. die Bewegung des Kühlmittels muß künstlich über
    die durch Erwärmung und Aufsteigen des warmen Kühlmittels
    auftretende Bewegung hinaus gesteigert werden. Für die Kühlung
    mit bewegter Luft und etwa quadratische Kühlkörper gilt die
    Reduktionskurve nach Bild 1.23.

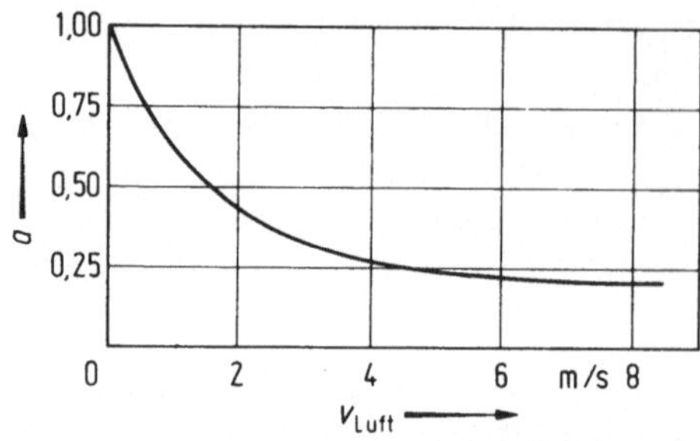

Bild 1.23. Reduktionsfaktor von annähernd quadratischen Kühlkörpern in bewegter Luft

Der Wärmetransport vom Kühlkörper zum Kühlmittel beruht bei den in Frage kommenden Temperaturen zu etwa 90% auf Konvektion. Insbesondere bei höheren Temperaturen der zu kühlenden Elemente müssen die Rechnungen durch Messungen kontrolliert werden.

Literatur

1.1 Meinke, H.; Grundlach, F. W.: Taschenbuch der Hochfrequenztechnik. 3. Aufl. Berlin, Heidelberg, New York: Springer 1968

1.2 Massachusetts Institute of Technology: Magnetic Circuits and Transformers, New York: Wiley 1943

1.3 Radio Engineering Handbook. Fifth Edition. New York, Toronto, London: McGraw-Hill 1959

1.4 Valvo: FXC-Kerne speziell für Schaltnetzteile (Firmenschrift)

1.5 Hassel, W.; Bleicher, H.: Handbuch der Netz- und Tonfrequenztransformatoren in Berechnung, Entwurf und Fertigung. München: Franzis Verlag 1952

1.6 Küpfmüller, K.: Einführung in die theoretische Elektrotechnik. 10. Aufl. Berlin, Heidelberg, New York: Springer 1973

1.7 Valvo: Hochvolttransistoren als schnelle Schalter (Firmenschrift)

1.8 Valvo: Ein- und Ausschaltverhalten von Hochvolt-Schaltertransistoren (Firmenschrift)

1.9 TRW: Power Semiconductors: Basis Drive in High Power Switching Transistors (Firmenschrift)

1.10 RCA: Application Note AN 6330, A Safe Area Rating System for Power Inverters Handling Capacitive and Inductive Loads (Firmenschrift)

1.11 Thomson-CSF: Leistungstransistoren im Schaltbetrieb, München 1977 (Firmenschrift)

1.12 Valvo: Gleichrichterschaltungen mit Siliziumzellen, Hamburg 1966

1.13 Steinbuch, K.: Taschenbuch der Nachrichtenverarbeitung. Berlin, Göttingen, Heidelberg: Springer 1962

1.14 Wagner: Stromversorgung Hamburg: R. v. Decker's Verlag G. Schenck 1964

1.15 DIN 41332. Gepolte Aluminium-Elektrolytkondensatoren bis 450 V.

2 Schaltungstechnik des Leistungsteils von Netzgeräten

2.1 Prinzipien für die Erzeugung kleiner Spannungen zur Versorgung von Elektroniken

Die Speisung von Netzgeräten erfolgt, mit geringen Ausnahmen, aus dem normalen Drehstromnetz. Es stehen also ein- oder dreiphasige Wechselspannungen mit 220 bzw. 3×380 V mit einer Frequenz von 50 Hz zur Verfügung.
Die Speisespannungen für elektronische Geräte liegen üblicherweise bei Werten von etwa 2, 5, 15 oder 24 V. Es muß also eine Anpassung des Spannungswertes erfolgen. Dies geschieht durch eine Transformation, entweder bei Netzfrequenz oder mit wesentlich höheren Frequenzen.
Bild 2.1 zeigt den prinzipiellen Aufbau eines Netzgerätes mit folgenden, stets vorhandenen Untergruppen:

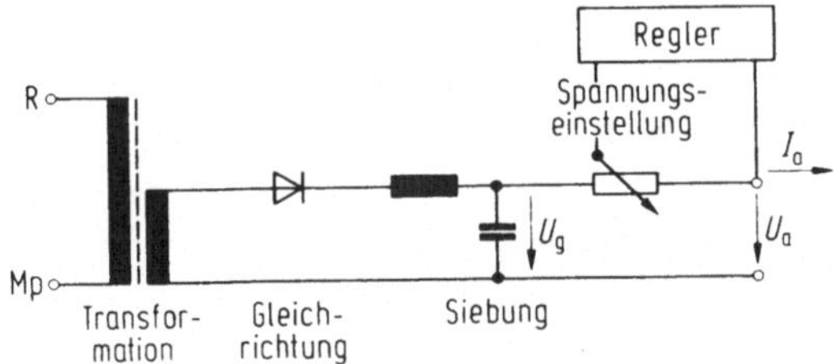

Bild 2.1. Prinzipieller Aufbau eines Netzgerätes

1. *Transformation der Netzspannung* auf einen Wert in Nähe der geforderten Ausgangsspannung. Die Transformationsfrequenzen liegen üblicherweise bei 50 Hz oder etwa 20 kHz.
2. *Gleichrichtung der transformierten Wechselspannung.* Diese Gleichrichtung liefert die Rohgleichspannung U_g, sie ist gekennzeichnet durch folgende Eigenschaften:
(a) Eine Restwelligkeit, die von der Phasenzahl der Wechselspannung und der gewählten Gleichrichterschaltung bestimmt wird.

(b) Den Innenwiderstand der Schaltung an den Klemmen für U_g. Ist die Transformation mit einer Regelung versehen (siehe Abschnitt 2.6), so kann der Innenwiderstand hier bereits sehr gering sein.

(c) Ist keine Regelung vorhanden, so ist die Rohgleichspannung U_g transformatorisch mit der Netzspannung U_{Netz} verbunden.

3. Die *Potentialtrennung zwischen Netz- und Verbraucherspannung* wird in den meisten Fällen in den Transformator verlegt.

4. Ein *Filter* sorgt *für die Verringerung der Restwelligkeit* der Rohgleichspannung U_g. Für dieses Filter kommen bei größeren Leistungen nur LC-Kombinationen in Frage. Bild 2.2a zeigt das Bode-Diagramm des RC-, Bild 2.2b das des LC-Filters.

Es sind sowohl ein- als auch mehrstufige Filter möglich. Kriterium ist die Stabilität des Regelkreises (siehe Abschnitte 3.1 und 3.2).

5. *Die Regelung der Ausgangsspannung* erfolgt entweder durch

(a) einen gesteuerten Längswiderstand beim Längsregler und entsprechend beim Parallelregler durch einen gesteuerten Parallelwiderstand,

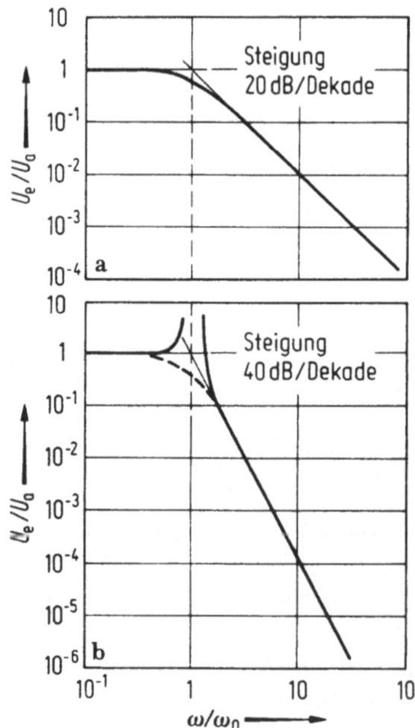

Bild 2.2a u. b. Bode-Diagramm für **(a)** RC-Tiefpaß, **(b)** LC-Tiefpaß. (Die Größen der Resonanzerscheinungen bei $\omega/\omega_0 = 1$ sind abhängig vom Innenwiderstand des Generators und von der Belastung)

(b) eine Impulsbreitensteuerung bei den verschiedenen Schaltreglern. Diese Impulsbreitensteuerung kann bei der Transformation der Netzspannung vorgesehen werden oder aber bei einem Schalten der Rohgleichspannung U_g.

Zur Beurteilung der Eigenschaften von Netzgeräten werden eine Reihe von Merkmalen unabhängig von der Technologie der Netzgeräte herangezogen.

1. Nach Art und Höhe der *Eingangsspannung* unterscheidet man Gleich- und Wechselspannung; die Wechselspannungen unterteilt man nach ihrer Phasenzahl, die üblicherweise die Werte 1, 2, 3 und 6 haben kann.

2. Der *Eingangsstrom* unterscheidet sich in seiner Höhe und in Gleich- und Wechselströme. Bei den Wechselströmen muß man noch die Verzerrungen der Sinusform durch die ungleichmäßige Stromaufnahme des Netzgerätes im Auge behalten.

3. Von einigem Interesse ist noch der *Maximalstrom*, den ein Netzgerät beim Einschalten aufnehmen kann.

4. Die *Ausgangsspannung* eines Netzgerätes wird durch folgende Eigenschaften beschrieben:

(a) Höhe der Ausgangsspannung.

(b) Die Restwelligkeit der Ausgangsspannung wird beschrieben durch die Höhe der der Gleichspannung überlagerten Oberwellen in V_{pp}. Eine Beschreibung in Effektivwerten bringt zwar optisch geringere Werte, hat aber keine Aussagekraft.

5. Beim *Ausgangsstrom* muß man unterscheiden zwischen

(a) dem Wert des Ausgangsstromes; der Ausgangsstrom ist mit der Ausgangsspannung über den Innenwiderstand verknüpft. Dabei ist zwischen dem statischen Innenwiderstand und dem dynamischen Innenwiderstand zu unterscheiden.

Um die Regeleigenschaften eines Netzgerätes zu beschreiben, verwendet man eine sprungartige Änderung des Ausgangsstromes und beobachtet die Reaktion der Ausgangsspannung.

(b) der Zuordnung des Ausgangsstromes zur Ausgangsspannung. Beide sind durch die Strom-Spannungs-Kennlinie verknüpft. Bild 2.3 zeigt die verschiedenen gebräuchlichen Kennlinien.

a: Kennlinie ohne Strombegrenzung,

b: Kennlinie mit Strombegrenzung,

c: Kennlinie mit sogenannten Fold-back-Verhalten.

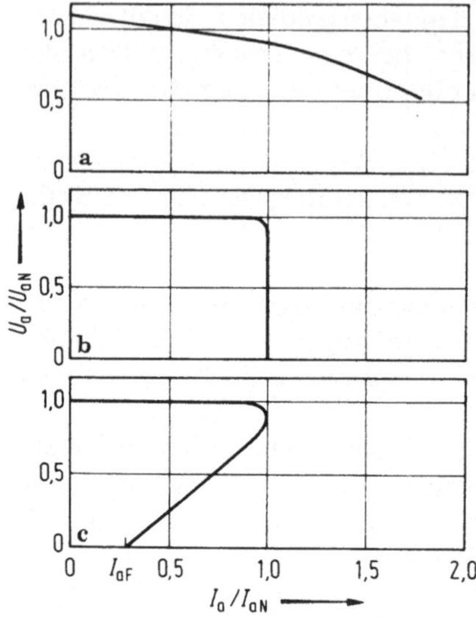

Bild 2.3 a—c. U, I — Kennlinien von Netzgeräten.
(a) Kennlinie ohne Strombegrenzung,
(b) Kennlinie mit Strombegrenzung,
(c) Kennlinie mit Fold-back-Charakteristik

Der Grund für die Anwendung verschiedener Strom-Spannungs-Kennlinien liegt in der Verlustleistung der Leistungstransistoren bei einem Betrieb mit Kurzschluß der Ausgangsspannung U_a: Die Ausgangsspannung wird aus der Rohgleichspannung U_g erzeugt.
Bei einem Kurzschluß mit dem Strom I_k eines Netzgerätes mit der Kennlinie a liegt an den Leistungstransistoren

$$P_k = (U_g - R i I_k)\, I_k\,. \tag{2.1}$$

Darin ist R_i der Innenwiderstand der Roh-Gleichspannungsquelle.
Bei einem Netzgerät mit der Kennlinie b ist die Verlustleistung der Längstransistoren im Falle eines Kurzschlusses

$$P_k = U_g I_{aN}\,. \tag{2.2}$$

Bei Kurzschluß eines Netzgerätes mit Fold-back-Kennlinie c wird die Leistung in den Längstransistoren

$$P_k = U_g I_{aF}\,. \tag{2.3}$$

Man erkennt, daß nur ein Netzgerät mit entsprechender Fold-back-Kennlinie dauernd im Kurzschluß betrieben werden kann, wenn man die Längstransistoren nicht thermisch für P_k auslegen will oder kann.

6. Die Wahl der *Transformationsfrequenz* wird durch folgende Randbedingungen bestimmt:

(a) Die von einem Transformator übertragbare Leistung ist

$$P_{ü} = KB_{max}\left(\frac{1 - \Delta u}{\Delta i + 1}\right) \sqrt{P_{Cu}} \tag{2.4}$$

mit

$$K = 2fA_{Fe}\frac{A_{Cu}}{2l_w w}, \tag{2.5}$$

$$\Delta i = \frac{I_p N_p}{I_s N_s} \qquad \text{prozentualer Anteil des Magnetisierungs-} \tag{2.6}$$
stromes ($100\% = 1$).

Darin sind

B_{max} Spitzeninduktion $\left(\text{Tesla}, \ 1\,T = \dfrac{1\,Vs}{m^2}\right)$,

P_{Cu} Kupferverluste (W),

Δu prozentualer Spannungsabfall auf der Sekundärseite ($100\% = 1$),

f die Betriebsfrequenz (Hz),

A_{Fe} der Eisenquerschnitt des Kerns (cm^2),

A_{Cu} der Kupferquerschnitt von Primär- und Sekundärwicklung zusammen (cm^2),

l_m die mittlere Windungslänge (cm),

I_p, I_s Transformatorstrom primär und sekundär (A),

N_p, N_s Windungszahlen primär und sekundär,

$\varrho_w \sim 2,4 \cdot 10^{-6}\,\Omega cm$ der spezifische Widerstand des betriebswarmen Kupfers. Dieser Wert muß bei höheren Frequenzen wegen des Skineffektes korrigiert werden.

Wie man aus (2.4) bis (2.6) leicht sieht, ist für einen bestimmten Kern mit bestimmtem Kupfervolumen die übertragbare Leistung

$$P_{ü} = K_1 B_{max} f. \tag{2.7}$$

Für die Transformation ist also vom Transformator her eine möglichst hohe Frequenz anzustreben.

(b) Benutzt man Zerhacker-Netzgeräte, so wachsen die Schaltverluste in den Zerhackertransistoren mit der Frequenz in erster Näherung linear

$$P_{\mathrm{Tr}} = K_2 W_1 f, \tag{2.8}$$

worin W_1 die Verluste bei einem einmaligen Schaltvorgang sind. Nur von den Schaltverlusten her gesehen, sollte die Transformation also mit einer möglichst niedrigen Frequenz erfolgen.

(c) Die akustische Geräuscherzeugung durch magnetostriktive Effekte im Eisen des Transformators wirkt sich bei 50 Hz noch nicht störend aus und liegt bei Frequenzen oberhalb von etwa 18 kHz außerhalb des Hörbereiches. Versuche, die Geräuschbelästigung im Bereich von 1 kHz durch Dämpfung und Isolation zu verringern, waren bisher wenig erfolgreich.

Aus diesen recht gegensätzlichen Gegebenheiten und aufgrund der üblichen Netzfrequenzen von 50/60 Hz hat sich für die Transformation die Netzfrequenz bei Netzgeräten mit Netztransformator und eine Frequenz von etwa 20 kHz für die Zerhackergeräte herauskristallisiert. Mögliche Lösungen mit anderen Transformationsfrequenzen haben sich als weniger zweckmäßig erwiesen.

2.2   Ungeregelte Netzgeräte, Stabilisierung mit Zenerdioden

Unter ungeregelten Netzgeräten wollen wir solche Geräte verstehen, die eine Abweichung vom Sollwert der Ausgangsspannung nicht korrigieren. In Bild 2.4 ist eine Schaltung dargestellt, die sich zur Speisung von Lampen, Relais und anderen kleinen Verbrauchern eignet, die an die Konstanz ihrer Versorgungsspannung und deren Innenwiderstand keine hohen Anforderungen stellen. Die Spannung U_a des Speisegerätes kann direkt aus der Sekundärspannung eines Transformators abgeleitet werden; sie macht alle Schwankungen der Netzspannung mit und zeichnet sich weiterhin durch einen hohen Innenwiderstand aus. Ihre Restwelligkeit wird durch das Filter aus L_1 und C_1 bestimmt.

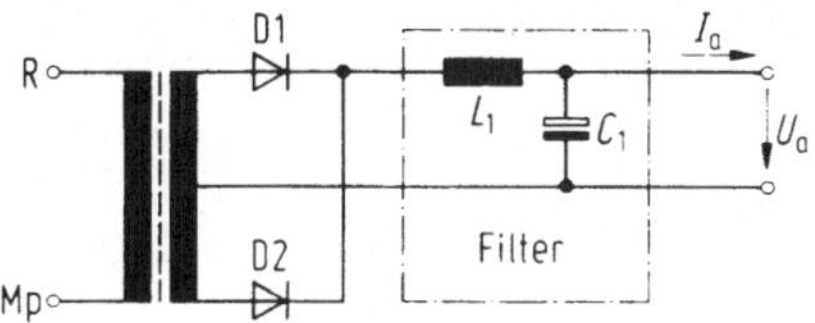

Bild 2.4. Nicht stabilisiertes Netzgerät

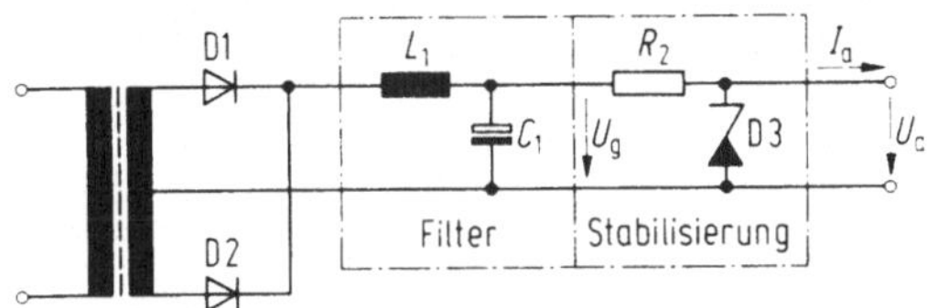

Bild 2.5. Stabilisierungsschaltung mit einer Zenerdiode

Benötigt man eine konstante Speisespannung geringer Leistung, verwendet man ein Netzgerät, dessen Ausgangsspannung mit einer Z-Diode stabilisiert ist. In Bild 2.5 ist die Ausgangsspannung U_g des Filters Eingangsspannung für die aus R_2 und D_3 gebildete Stabilisierungsschaltung.

Die Eigenschaften der Stabilisierung mit Zenerdioden werden an der Kennlinie im Bild 2.6 erläutert.

Bei maximaler Eingangsspannung $U_{g\,max}$ und Leerlauf am Ausgang ($I_a = 0$) darf der maximal zulässige Z-Strom nicht überschritten werden, damit die zulässige Verlustleistung nicht überschritten wird.

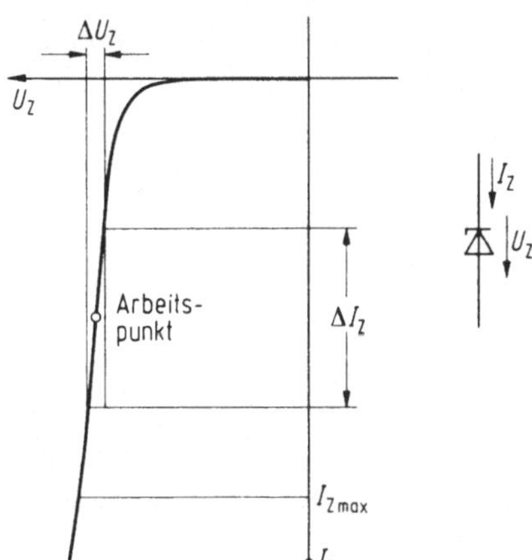

Bild 2.6. Arbeitsbereich der Zenerdiode in der Schaltung nach Bild 2.5.

Daraus resultiert die Bedingung

$$R_2 = \frac{U_{g\,max} - U_Z}{I_{Z\,max}} \, . \tag{2.9}$$

Bei minimaler Eingangsspannung $U_{g\,min}$ und der höchsten Belastung $I_{a\,max}$ am Ausgang muß noch ein geringer Z-Strom fließen, daher muß sein

$$R_2 < \frac{U_{g\,min} - U_Z}{I_{L\,max}} \, . \tag{2.10}$$

Die Gleichungen (2.9) und (2.10) bestimmen den Vorwiderstand für die Z-Diode und den möglichen Variationsbereich der Eingangsspannung. Die Schaltung nach Bild 2.5 mit der Ausgangsspannung U_a hat einen geringen dynamischen Innenwiderstand.
Er bestimmt sich für den linearen Teil der Kennlinie im eingezeichneten Arbeitspunkt zu

$$R_i = \frac{\Delta U_Z}{\Delta I_Z} \, . \tag{2.11}$$

Wir wollen als Stabilisierungsfaktor das Verhältnis $\Delta U_{p1}/\Delta U_{p2}$ bezeichnen, das sich für Lastschwankungen von $\pm I_a$ um die Nennlast I_{aN} herum ergibt. Dabei sei U_{p2} die Spannung, die sich ohne und U_{p1} die Spannung, die sich mit Z-Diode ergibt. Ist die Schaltung so ausgelegt, daß bei einer Verringerung des Laststromes um ΔI_L der maximale Z-Strom nicht überschritten wird und bei einer Vergrößerung des Laststromes um $+\Delta I_L$ der Strom in der Z-Diode noch >0 bleibt, so ergibt sich für den Stabilisierungsfaktor

$$S = \frac{U_{p1}}{U_{p2}} = \frac{U_Z - \Delta I_a \dfrac{\Delta U_Z}{\Delta I_Z}}{U_g - I_a R_2 - \Delta I_a R_2} \, . \tag{2.12}$$

Der Temperaturkoeffizient der Z-Spannung ist unterhalb von $U_Z = 5\ \text{V}$ negativ und oberhalb von $U_Z = 5\ \text{V}$ positiv. Durch Reihenschaltung von verschiedenen Z-Dioden kann der Temperaturgang der entstehenden gesamten Z-Diode sehr gering gehalten werden.

2.3 Spannungsstabilisierung mit Ferro-Resonanz-Konstanthaltern

Bei der Spannungsstabilisierung mit Ferro-Resonanz-Konstanthaltern (auch kurz Ferro genannt) nutzt man die Eigenschaften eines Schwingkreises mit einer Eisendrossel, die in der Sättigung betrieben wird, aus. Ein solcher Schwingkreis wird so eingestellt, daß er bei der gewünschten Ausgangsspannung in Resonanz ist. Dann fließt nur noch der Strom in den Schwingkreis hinein, der behötigt wird, um die ohmschen Verluste zu decken. Wird die Spannung am Schwingkreis niedriger, wird bei festgehaltener Frequenz der Strom kapazitiv, d. h. voreilend und bei höherer Spannung wird der Strom nacheilend. Der Spannungsabfall an der Drossel L_1 wird nun ausgenutzt, um die Ausgangsspannung U konstant zu halten. Das Prinzip eines solchen Ferro-Resonanz-Konstanthalters zeigt Bild 2.7.

Die Anpassung der Ausgangsspannung an die Netzspannung erfolgt auch hier transformatorisch. Wird der Schwingkreis mit der Sekundärspannung des Transformators gesteuert, so wird auch die Ausgangsspannung einer oder mehrerer Sekundärwicklungen stabilisiert. Die Drossel L_1 in Bild 2.7a kann durch eine spezielle Ausführung des Blechschnittes mit der Drossel L_2 auf einem Kern zusammengefaßt werden.

Die Konstanz der Ausgangsspannung bei unterschiedlichen Lastströmen hängt ab von
— der Abstimmung von Drossel L_1 und Schwingkreis,
— der Abstimmung von Drossel L_1 und Laststrom.

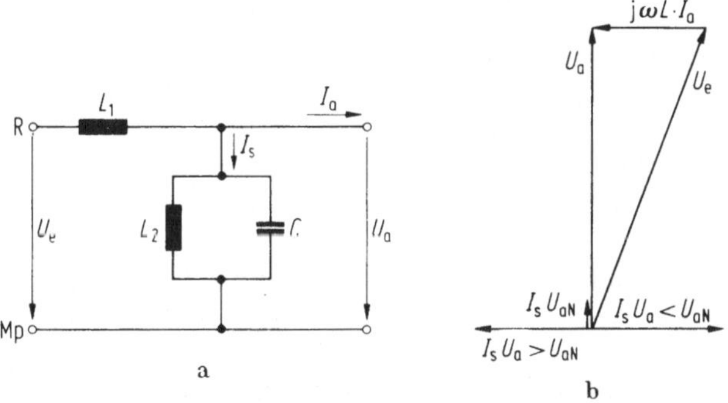

Bild 2.7a u. b. Prinzipschaltbild des Ferro-Resonanz-Konstanthalters

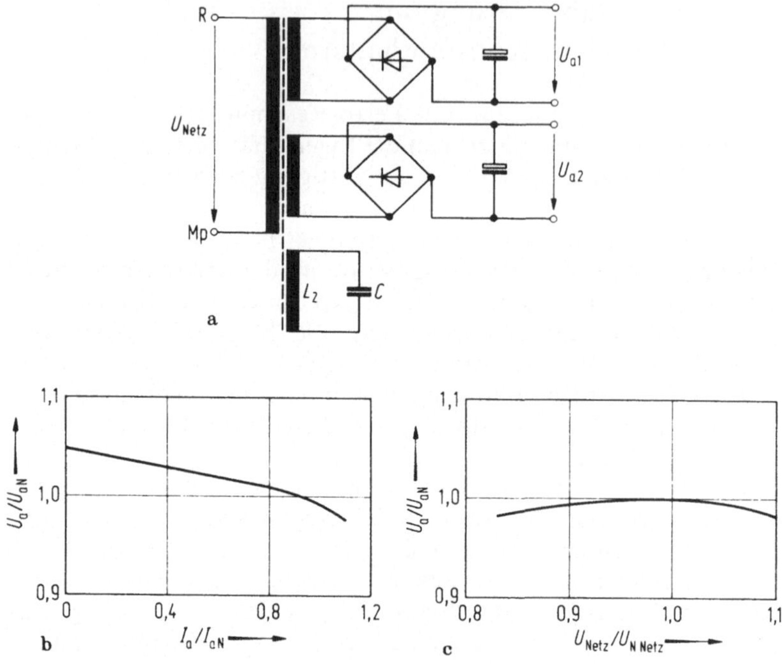

Bild 2.8. (a) Prinzipschaltung, (b) U_a, I_a-Kennlinie des Ferro-Resonanz-Konstanthalters, (c) Verlauf der Ausgangsspannung als Funktion der Netzspannung

Eine typische Kennlinie eines Ferro-Resonanz-Konstanthalters bei konstanter Netzspannung zeigt Bild 2.8 b nach der Prinzipschaltung in Bild 2.8 a. Den Abweichungen der Ausgangsspannung durch Laständerungen müssen noch die Änderungen durch die Variation der Netzspannung überlagert werden. Den Verlauf der Ausgangsspannung bei konstantem Ausgangsstrom, aber veränderlicher Netzspannung, zeigt Bild 2.8 c.

Die bisher angegebenen Eigenschaften beschreiben ein Netzgerät, das nur aus wenigen und dazu zuverlässigen Bauelementen aufgebaut ist. Solche Geräte sind wegen des erforderlichen magnetischen Abgleichs sicher für geringe Stückzahlen weniger geeignet, bieten aber bei

— größeren benötigten Stückzahlen,

— mittleren Anforderungen an die Konstanz der Ausgangsspannung,
— geringe Änderungen des Laststroms
eine preisgünstige Lösung.
Der Nachteil des Ferro-Resonanz-Konstanthalters ist die geringe
Geschwindigkeit, mit der die Ausgangsspannung auf eine Änderung
des Ausgangsstromes reagiert. Der Grund dafür liegt im Schwingkreis,
der sich mit seinen zwei Energiespeichern L_1 und C nicht schnell auf
einen neuen Zustand einstellen kann.

2.4 Längsregler

Der Längsregler ist in den meisten Fällen aus folgenden Grundbaustei-
nen aufgebaut:
— Einem Netztransformator der die Netzspannung auf einen Wert
  oberhalb der Ausgangsspannung transformiert.
— Einer ein- oder mehrphasigen Gleichrichterschaltung auf der Niederspannungsseite.
— Einem Filter auf der Niederspannungsseite, an dessen Ausgang die
  Rohgleichspannung U_g zur Verfügung steht.
Als Stellglied wird für Längsregler ein (oder mehrere) Transistoren —
als Emitterfolger geschaltet — verwendet. Das Prinzipschaltbild und
den Arbeitsbereich des Längstransistors zeigt Bild 2.9.
Wird die Ausgangsspannung $U_a < U_{ref}$, so wird die Differenzspannung
mit der Leerlaufverstärkung V_0 des Verstärkers multipliziert als Erhöhung der Basisspannung wirksam, die Ausgangsspannung erhöht sich

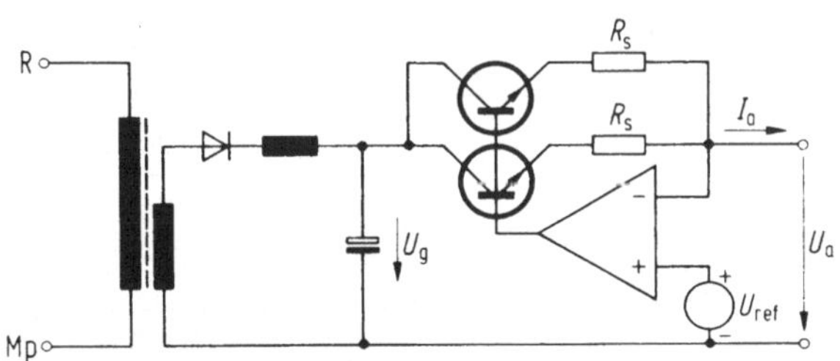

Bild 2.9. Prinzipschaltbild eines Längsreglers

um den gleichen Betrag wie die Basisspannung. Der Innenwiderstand
der Ausgangsspannung ist

$$R_\mathrm{i} = \frac{\mathrm{d}}{\mathrm{d}i}\left(\frac{u_\mathrm{CE}}{i_\mathrm{C}}\frac{1}{V_0}\right).\tag{2.13}$$

Mit den Zahlenwerten $\Delta U_\mathrm{CE} = 3$ V, $\Delta I_\mathrm{C} = 10$ A und $V_0 = 3 \cdot 10^4$ als
Beispiel wird der Innenwiderstand

$$R_\mathrm{i} = \frac{3V}{10A \cdot 3 \cdot 10^4} = 10^{-5}\,\Omega.$$

Der Frequenzgang dieser Schaltung wird durch den Frequenzgang des
Leistungstransistors bestimmt, da die Transitfrequenz der Verstärker
höher gewählt werden kann, als die des Leistungstransistors. Bild 2.10
zeigt Frequenz- und Phasengang des viel verwendeten Transistors
2N 3055.
Reicht der zulässige Emitterstrom von T1 nicht aus, um den Laststrom
I_a abzudecken, kann man mehrere Transistoren parallel schalten. Damit
diese Transistoren den Laststrom gleichmäßig übernehmen, führt man
für jeden Transistor einen Symmetrierwiderstand R_s ein. Dieser Widerstand muß so groß sein, daß der Spannungsabfall an ihm die individuellen

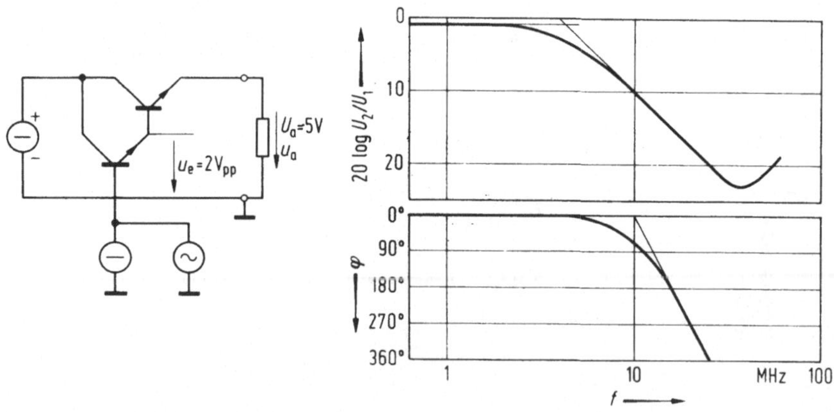

Bild 2.10. Frequenz- und Phasengang eines Leistungstransistors 2N 3055

Schwankungen der Emitter-Basis-Spannung der verwendeten Transistoren überwiegt.

An die Rohgleichspannung muß folgende Bedingung gestellt werden

$$U_{g\,min} > U_a + U_{CE} + I_{Tr}R_s \, . \tag{2.14}$$

Die Höhe der Rohgleichspannung bestimmt den Wirkungsgrad des Längsreglers unter den Annahmen einer dreiphasigen Brückengleichrichtung mit einer Restwelligkeit $\pm 6\%$ und einer Durchlaßspannung der Gleichrichterdioden von 2 V für 2 Dioden.

Unter der Annahme einer zulässigen Toleranz der Netzspannung von $\pm 10\%$, von $I_a R_s = 1$ V, $U_{CE\,sat} = 2$ V, $U_a = 5$ V wird der Minimalwert der Rohgleichspannung nach (2.14)

$$U_{g\,min} = 5\,V + 1\,V + 2\,V = 8\,V \, .$$

Das entspricht einer Ausgangsspannung des Netztransformators von

$$U_{Tr\,RMS} = \frac{8\,V}{0,94 \cdot 0,9} = 9,5\,V \, .$$

Damit wird der höchste überhaupt erzielbare Wirkungsgrad eines Längsregler unter Vernachlässigung der Verluste im Transformator für $U_a = 5$ V

$$\eta = \frac{U_a}{U_{Tr\,RMS}} = \frac{5\,V}{9,5\,V} \approx 0,55 \, .$$

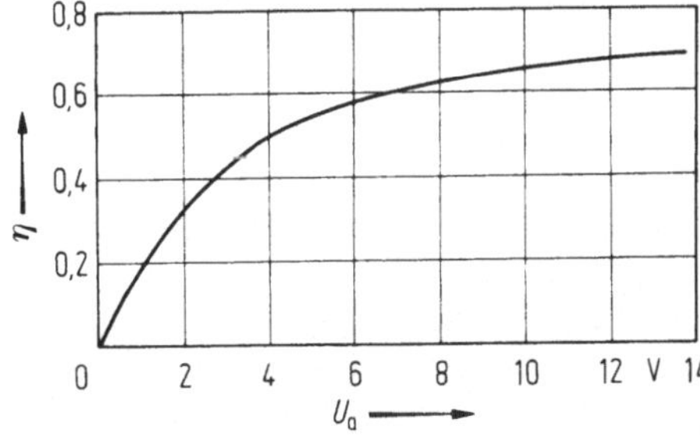

Bild 2.11. Maximal erreichbarer Wirkungsgrad eines Längsreglers als Funktion der Ausgangsspannung

Für andere Ausgangsspannungen als $U_a = 5$ V ergibt sich der Wirkungsgrad aus Bild 2.11.

Es sei hier nochmals betont, daß bei diesen Überlegungen die Transformatorverluste, die Speisung der Hilfseinrichtungen zur Steuerung und Regelung und die Speisung von Treiberstufen vernachlässigt wurden; die tatsächlich erzielbaren Wirkungsgrade sind geringer.

Unter den hier erfolgten Vernachlässigungen bleibt der Wirkungsgrad eines Netzgerätes mit Längsregler für Teillastbereiche ($P_A/P_N < 1$) konstant. Dies trifft nicht zu, weil die prozentualen Verluste durch die konstante Magnetisierungsenergie im Transformator und der schlechtere Wirkungsgrad der Gleichrichtung durch die kleineren Stromflußwinkel den Wirkungsgrad bei Teillasten verringern.

Normalerweise reicht der Ausgangsstrom eines integrierten Verstärkers nicht für größere Lastströme aus. Man verwendet dann eine Treiberstufe nach Bild 2.12. Da die Basis-Emitter-Spannung U_{BE} von Leistungstransistoren höher als die Sättigungsspannung $U_{CE\,sat}$ ist, erhöht sich der Wert von U_g nochmals. Man kann die damit verbundene Verschlechterung des Wirkungsgrades vermeiden, wenn man die Kollektorspannung des Treibertransistors aus einer separaten Grobspannungsquelle $U_{g2} > U_g$ bezieht. Da der Treiberstrom geringer als der Laststrom ist, kann man auch eine bessere Siebung vorsehen.

Die Reaktion eines Netzgerätes mit Längsregler auf eine sprunghafte Vergrößerung oder Verringerung des Laststromes wird bestimmt
— für den Kurzzeitbereich bis etwa 0,1 ms durch die Geschwindigkeit, mit der die Längstransistoren einschließlich des Treibers ihren Widerstand ändern,
— im Langzeitbereich durch das Filter für die Rohgleichspannung, das sich auf seinen neuen Belastungszustand einstellt. Bei richtiger Dimensionierung des Filters sind die Einschwingvorgänge dieses Filters für die Ausgangsspannung nicht wirksam.

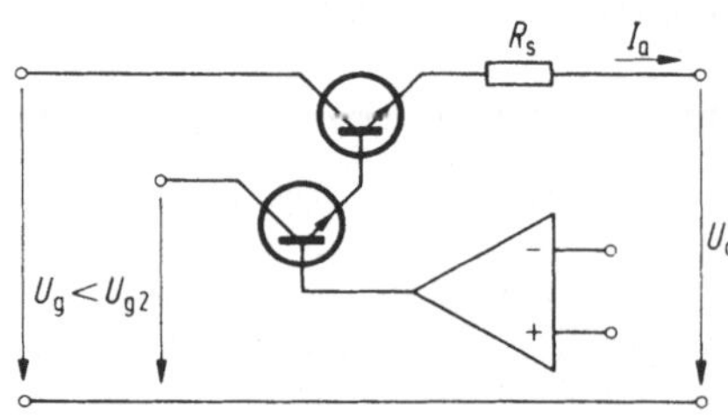

Bild 2.12. Speisung einer Treiberstufe für einen Längsregler aus einer Hilfsspannung U_{g_2}

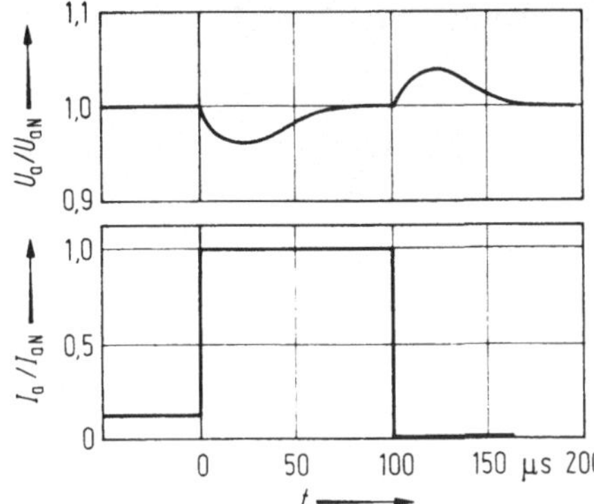

Bild 2.13. Zeitliches Verhalten eines Netzgerätes mit Längsregler bei Änderungen des Ausgangsstromes

Bild 2.13 zeigt das gemessene zeitliche Verhalten der Ausgangsspannung eines Netzgerätes mit den Daten

$$U_a = 5{,}2\ \mathrm{V}\,, \qquad I_a = 60\ \mathrm{A}\,,$$

dessen Regelschaltung noch mit diskreten Bauelementen aufgebaut ist.

2.5   Netzgeräte mit Parallelregler

Netzgeräte mit Parallelregler haben eine gewisse praktische Bedeutung, wenn die Belastung hinreichend konstant ist. Bild 2.14 zeigt das Prinzipschaltbild eines solchen Netzgerätes. Der Widerstand R_v wird immer vom maximalen Ausgangsstrom I_{aN} durchflossen. Ist $I_a < I_{aN}$, muß der durch T1 gebildete Parallelwiderstand den „Überschußstrom" $I_{aN} - I_a$ übernehmen. Die Regelung erfolgt wie beim Netzgerät mit Längsregler, die Regeleigenschaften sind ebenfalls gleich.

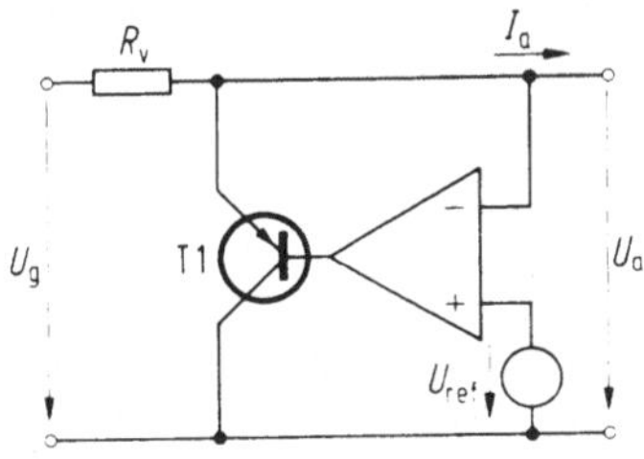

Bild 2.14. Prinzipschaltung eines Parallelreglers

Der Wirkungsgrad eines solchen Netzgerätes mit Parallelregler wird hauptsächlich durch das Verhältnis I_a/I_{aN} bestimmt.
Unter der Annahme
— dreiphasige Brückengleichrichtung mit Restwelligkeit $\pm 6\%$,
— Durchlaßspannung der Gleichrichterdioden 2 V für 2 Dioden,
— zulässige Toleranz der Netzspannung $\pm 10\%$,
— $I_a R_v = 0,1\ \text{V}$, $U_a = 5\ \text{V}$
wird der Minimalwert der Rohgleichspannung

$$U_{g\,min} = 5\ \text{V} + 0,1\ \text{V} + 2\ \text{V} = 7,1\ \text{V} .$$

Damit wird der Effektivwert der Transformatorspannung

$$U_{Tr\,RMS} = \frac{7,1\ \text{V}}{0,94 \cdot 0,9} \approx 8,2\ \text{V} ,$$

und der höchste erzielbare Wirkungsgrad für $I_a = I_{aN}$

$$\eta_{max} = \frac{U_a}{U_{Tr\,RMS}} = \frac{5,0\ \text{V}}{8,2\ \text{V}} \approx 0,61 .$$

Nimmt man eine Variation des Ausgangsstromes um den Faktor

$$\frac{I_a}{I_{aN}} \leqq 1,0$$

an, verschlechtert sich der Wirkungsgrad auf

$$\eta = \eta_{max}\,\frac{I_a}{I_{aN}} . \tag{2.15}$$

Der höchstmögliche Wirkungsgrad des Längsregler von 0,55 wird also bei einem Verhältnis von

$$\frac{I_a}{I_{aN}} \geqq 0,90$$

übertroffen; bei kleineren Verhältnissen I_a/I_{aN} ist der Längsregler vom Wirkungsgrad her überlegen.

Ein derartig gleichmäßig aufgenommener Laststrom läßt sich nur bei wenigen gespeisten Elektroniken durch die Auswahl der Schaltkreise und durch einen gezielten Entwurf realisieren. In extremen Fällen können sich die eingesparten Kosten für Bauvolumen und Kühlung (nicht Stromverbrauch!) amortisieren; im Normalfall wird man jedoch Längsregler einsetzen.

2.6 Schaltregler

2.6.1 Prinzip der Spannungsregelung durch Impulsbreiten-steuerung; Durchflußwandler, Sperrwandler

Schaltet man eine Gleichspannung U_g periodisch für die Zeit t_e mit einer Frequenz $f = 1/T$ auf ein Tiefpaßfilter, so wird die Spannung am Ausgang des im Bild 2.15a gezeigten Filters

$$U_{aRMS} \approx U_g \frac{t_e}{T},$$

wenn der Laststrom I_a dem Effektivwert des Drosselstroms I_L entspricht. Die Ausgangsspannung ist dann eine Funktion der Impulsbreite des

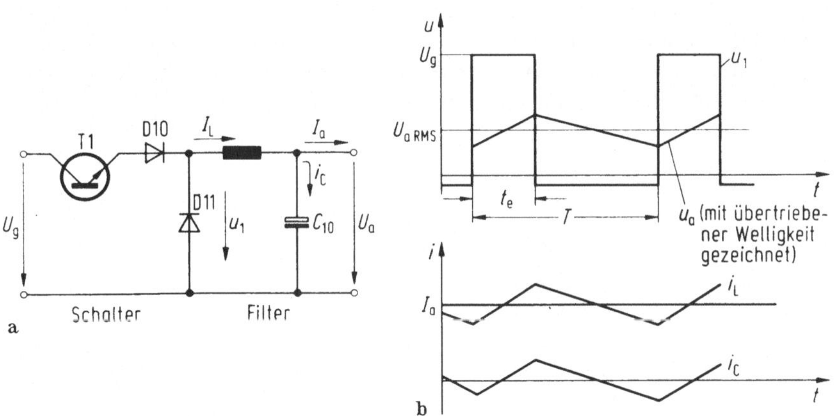

Bild 2.15a u. b. Schaltung, sowie Ströme und Spannungen eines mit Spannungsimpulsen gespeisten LC-Filters

Spannungsimpulses, der das Filter speist. In Bild 2.15a ist das Filter als LC-Kombination gezeichnet. Damit der Strom durch die Drossel L auch bei gesperrtem Schalter T1 weiterfließen kann, muß die Freilaufdiode D11 eingeführt werden. Die Diode D10 dient nur zur Gleichrichtung des Spannungsimpulses.

Auf dem hier aufgezeigten Verfahren beruhen alle Schaltungen von Zerhackernetzgeräten.

Das *Netzgerät mit Längsschalter* ist die einfachste Schaltung. Sie ähnelt stark der des Längsreglers. Die starke Verbesserung des Wirkungsgrades (Faktor 2 bei kleinen Spannungen) wird durch die geringe Sättigungsspannung des als Schalter arbeitenden T1 im Bild 2.15a erzielt. Ein Netzgerät mit Längsschalter benötigt aber für kleine Ausgangsspannungen eine Anpassung von U_g an die Netzspannung, wenn die Einschaltzeit t_e nicht zu klein und die Schaltverluste im Schalter nicht allzu groß werden sollen.

Netzgeräte mit Längsschalter haben zwei wesentliche Eigenschaften:
(a) Es ist ein Netztransformator vorhanden.
(b) Sie können auf der Sekundärseite als Durchfluß- oder Sperrwandler ausgeführt werden.

Der *Durchflußwandler* vermeidet den Nachteil des großen Netztrafos. Das Prinzip des Durchflußwandlers soll hier am Beispiel des Eintakt-Durchflußwandlers beschrieben werden, seine Prinzipschaltung zeigt Bild 2.16. Die gleichgerichtete und gesiebte Netzspannung U_g wird durch den Schalter T1 zerhackt; die zerhackte Spannung wird (zumeist kleineren Werten hin) durch Tr1 transformiert, auf der Ausgangsseite erneut gleichgerichtet und gefiltert. Die Energieübertragung erfolgt

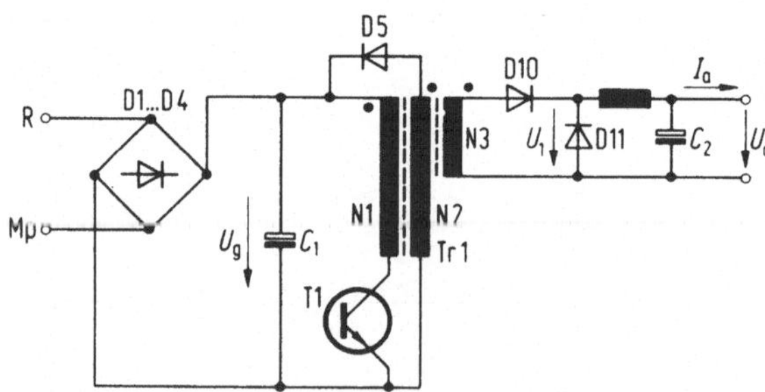

Bild 2.16. Prinzipschaltung des Eintaktdurchflußwandlers

während der Zeit, in der T1 leitend ist. Während dieser Zeit nimmt der Transformator Magnetisierungsstrom auf. Die gespeicherte Energie

$$E = \frac{L_H}{2} \int_{t=0}^{t=t_e} i_M^2 \, dt \qquad (2.16)$$

darf nicht im Transformator verbleiben, sondern muß durch eine entgegengesetzte Durchflutung nach jeder Leitphase zu Null gemacht werden. Dazu dient die Ausgleichswicklung N2, die nach dem Ausschalten von T1 einen entsprechenden Strom führt. Dieser Strom wird hier in den Ladekondensator C_1 zurückgespeist. Bei entsprechender Auslegung der Windungsverhältnisse kann die Energie auch anderen Verbrauchern zugeführt werden.
Ersetzt man die einseitige Durchflutung des Transformators durch eine Wechseldurchflutung, kann die Ausgleichswicklung natürlich entfallen. Mögliche Anordnungen sind die gesteuerte Halb- und die gesteuerte Vollbrücke, sowie der Gegentaktwandler.

Durchflußwandler sind durch folgende Eigenschaften gekennzeichnet:
Transformatorische Energieübertragung während der Leitphase eines oder mehrerer Schalter.
Transformatorische Übertragung der Spannung von der Primär- zur Sekundärseite hin.
Aus dieser Spannungsübertragung mit ihrem starren Übersetzungsverhältnis ergibt sich ein Filter mit einer Induktivität im Eingang. Die Regelung der Ausgangsspannung erfolgt über eine Impulsbreitensteuerung.
Wenn der Transformator nicht wechselseitig durchflutet wird, muß eine Ausgleichswicklung vorhanden sein.

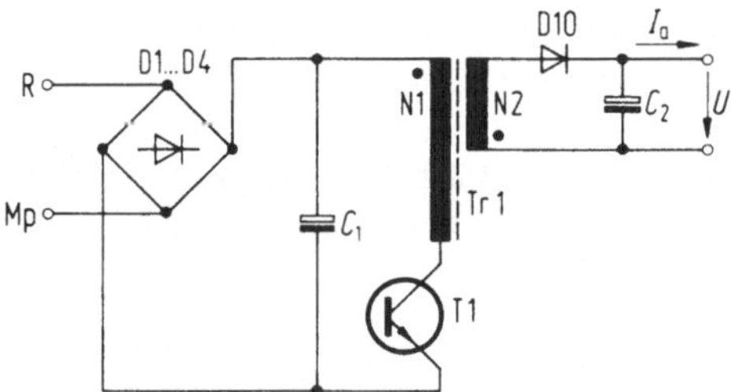

Bild 2.17.
Prinzipschaltung des Sperrwandlers

Hoher Wirkungsgrad.
Kleines Volumen des Übertragers und des Netzgerätes.

Der *Sperrwandler* in Bild 2.17 unterscheidet sich vom Durchflußwandler dadurch, daß er den Transformator während der Leitphase des Schalters T1 Energie in Form von Magnetisierungsenergie speichern läßt und diese Magnetisierungsenergie während der Sperrphase an das Filter weiter gibt.

Der Sperrwandler ist durch die folgenden Eigenschaften gekennzeichnet:

Zwischenspeicherung der Energie im Transformator in Form von Magnetisierungsenergie.

Das Filter kann ohne Drossel ausgeführt sein.

Der Wirkungsgrad des Sperrwandlers ist geringer als der des Durchflußwandlers weil:

(a) Während einer kurzen Zeit magnetisiert wird und dadurch der Scheitelstrom im Schalter höher wird.

(b) Die Verluste im Transformatorkern wegen der niedriger werdenden Permeabilität μ_r und des dadurch größer werdenden Eisenvolumens wachsen.

Der Aufbau eines Sperrwandlers ist durch den Wegfall der Filterdrossel prinzipiell einfacher; für höhere Leistungen ist er aber ungeeignet.

Alle bisher in ihrer Wirkungsweise beschriebenen Wandler, Netzgeräte mit Längsschalter, Durchflußwandler und Sperrwandler haben folgende Merkmale gemeinsam:

(a) Eingangsfilter zur Siebung der gleichgerichteten Netzspannung (wurde bereits in Abschnitt 1.4 beschrieben).

(b) Ein Impulstransformator (wurde in Abschnitt 1.1 behandelt).

(c) Ein LC-Filter als Tiefpaß, das wegen seiner allgemeinen Anwendung in Schaltreglern hier behandelt werden soll.

Wir gehen von Bild 2.18 aus und stellen fest, daß die Spannung U_1 am Eingang des LC-Filters einen rechteckförmigen Verlauf hat. Die Spannung U_a soll aber eine möglichst geringe Restwelligkeit haben. Der Schalter S und die Diode D sollen für die folgende Rechnung keine Verluste haben, L und C soll eine ideale Induktivität bzw. Kapazität sein.

Zu einem Zeitpunkt, zu dem S geöffnet, aber kurz vor dem Schließen ist, sei die Spannung am Kondensator C

$$U_c = U_a \qquad \text{für} \qquad t = T_0 \, . \tag{2.17}$$

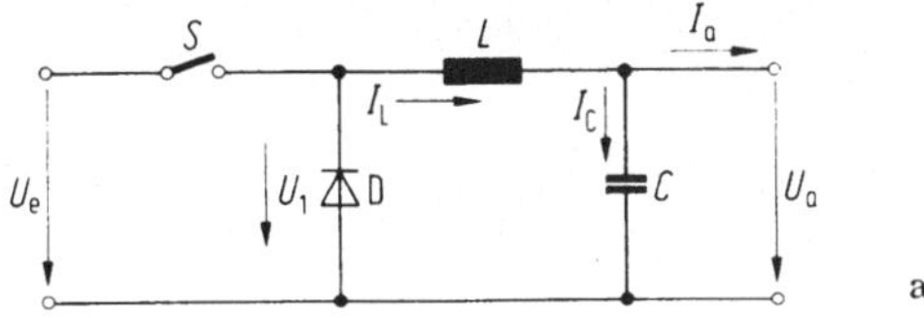

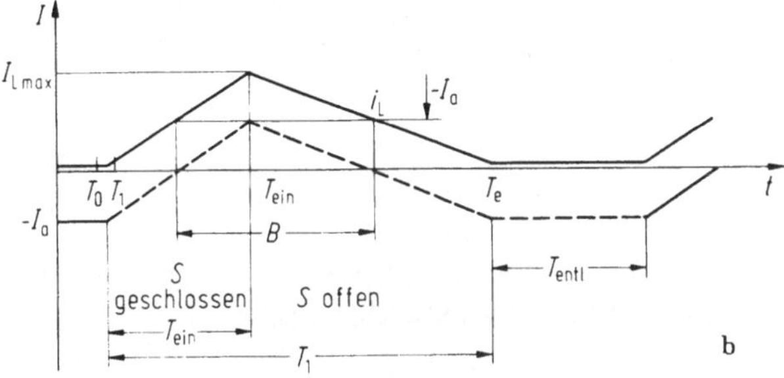

Bild 2.18a u. b. Filter für Schaltregler.
(a) Schaltung, **(b)** zeitlicher Verlauf der Ströme

Gleichzeitig wird angenommen

$$I_{\mathrm{L}} = I_{\mathrm{D}} = 0 \qquad \text{für} \qquad t = T_0 \, . \tag{2.18}$$

Wird zum Zeitpunkt $t = t_1$ der Schalter S geschlossen, kann der Strom in der Drossel nicht springen. Daher müssen die Gleichungen (2.17) und (2.18) noch gelten.

$$I_{\mathrm{L}} = I_{\mathrm{D}} = 0 \qquad \text{für} \qquad t = T_1 \, . \tag{2.19}$$

Für Zeiten später als t_1 gilt bei einer idealen Drossel und einem idealen Schalter

$$U_e = L \, \frac{\mathrm{d}I_{\mathrm{L}}}{\mathrm{d}t} + U_a \tag{2.20}$$

oder

$$\frac{\mathrm{d}I_{\mathrm{L}}}{\mathrm{d}t} = \frac{U_e - U_a}{L} \, . \tag{2.21}$$

4   Stiefken

Damit wird

$$I_L = \frac{U_e - U_a}{L} t \, .$$

$$(2.22)$$

Damit kann man den Verlauf von I_L (Bild 2.18 b) angeben. I_L wächst so lange, wie S geschlossen ist. Der Maximalwert von I_L ist bei konstanter Ausgangsspannung U_a und gleichzeitiger Belastung durch I_a

$$I_{L\,max} = \frac{U_e - U_a}{L} T_{ein} \, .$$

$$(2.23)$$

Wenn S bei $t = T_{ein}$ geöffnet wird, polt sich die Spannung an der Drossel um, und damit wird die Freilaufdiode D leitend. Es gilt:

$$I_L = I_{L\,max} \qquad \text{für} \qquad t = T_{ein} \, .$$

$$(2.24)$$

Die Addition der Spannungen ergibt jetzt

$$L \frac{dI_L}{dt} = -U_a \, .$$

$$(2.25)$$

Bei geöffnetem Schalter ist der Drosselstrom

$$i_L = I_{L\,max} - \frac{U_a}{L} (t - T_{ein}) \, .$$

$$(2.26)$$

Dies gilt nur solange, bis die gespeicherte Energie der Drossel zu Null geworden ist, also wenn $I_L = 0$ ist.
Die Entladezeit der Drossel ist damit

$$T_{entl} = \frac{I_{L\,max}}{U_a} L \, .$$

$$(2.27)$$

Bringt man den Kondensator C in die Rechnung ein, so kann man schreiben

$$I_L = I_C + I_a \, .$$

$$(2.28)$$

Soll der Laststrom I_a konstant sein, muß gelten

$$\Delta I_C = \Delta I_L \,, \tag{2.29}$$

d. h. die Stromänderungen in den Energiespeichern L und C müssen gleich sein. Ist

$$I_L = 0, \text{ so muß } I_c = -I_a \text{ sein}, \tag{2.30}$$

ist

$$I_c = 0, \text{ so muß } I_L = I_a \text{ sein}. \tag{2.31}$$

Daraus ergibt sich der Kondensatorstrom in Bild 2.18b unter Berücksichtigung des Laststromes I_a. Man kann jetzt die Ladung angeben, die im Kondensator C während der Zeit B gespeichert wird

$$\Delta Q = \frac{(I_{L\,max} - I_a)^2\, T_1}{2}. \tag{2.32}$$

Die dem Kondensator entnommene Ladung ist

$$\Delta Q = (I_a T_{entl}) + \frac{1}{2}\left(T_1 - \frac{I_{L\,max} - I_a}{I_{L\,max}}\, T_1\right) I_a. \tag{2.33}$$

Setzt man (2.32) und (2.33) gleich, ergibt sich für die Entladezeit des Kondensators

$$T_{entl} = \frac{(I_{L\,max} - 2I_a)\, T_1}{2 I_a}. \tag{2.34}$$

Eine Periode setzt sich aus folgenden Zeitphasen zusammen: Der Phase, in der S geschlossen ist und der Drosselstrom zunimmt (T_{ein}), der Phase mit geöffnetem Schalter und abnehmendem Drosselstrom ($T_e - T_{ein}$), sowie der Phase, in welcher der Drosselstrom Null ist und der Laststrom dem Ausgangskondensator entnommen wird.

$$T = T_{ein} + (T_e - T_{ein}) + T_{entl}. \tag{2.35}$$

Am Ende der Leitphase ist

$$\Delta U_C = \frac{1}{C} I_{L\,max}(T_1 - T_{ein}).$$ (2.36)

Am Abschluß der Sperrphase ist

$$\Delta U_C = \frac{I_a T_{entl}}{C}.$$ (2.37)

Die Restwelligkeit ergibt sich als Summe von der ΔU_C aus (2.36) und (2.37)

$$\Delta U_{Rest\,w} = \frac{I_{L\,max}(T_1 - T_{ein}) + I_a T_{entl}}{C}.$$ (2.38)

Dieser Ausdruck ist nicht sehr aussagekräftig und gilt für den allgemeinen Fall, daß der Drosselstrom „abreißt", also zu Null wird. Dieser Zustand ist nicht erstrebenswert und wird bei ausgeführten Netzgeräten vermieden. Wird wieder eine Leitphase eingeleitet, wenn der Drosselstrom auf den Wert $I_{L\,max}/2$ abgesunken ist, sind die Ladungsmengen bei Auf- und Entladung des Kondensators C dem Betrag nach gleich und es gilt für die Restwelligkeit

$$\Delta U_{Rest\,w} = \frac{I_{L\,max}(T_1 - T_{ein}) + I_a T_{entl}}{C}$$ (2.39)

mit

$$t_{entl} = \frac{(I_{L\,max} - 2I_a)\,T_1}{2I_a}.$$ (2.40)

Um bei einem Netzgerät mit den Daten $U_a = 5$ V, $I_a = 50$ A, $I_{L\,max} = 125$ A, $T_{ein} = 20\ \mu s$ eine Restwelligkeit von $50\ mV_{ss}$ zu bekommen, benötigt man also nach (2.39) und (2.40) einen Kondensator von

$$C = \frac{I_{L\,max}(T_1 - T_{ein}) + \frac{1}{2}(I_{L\,max} - 2I_a)T_1}{C}.$$

Unter der Annahme $(T_2 - T_{ein}) = 25\ \mu s$, muß der Kondensator

$$C = \frac{5\ \text{A} \cdot 25 \cdot 10^{-6}\ \text{s} + \dfrac{1}{2}\,(125\ \text{A} - 2.50\ \text{A}) \cdot 40 \cdot 10^{-6}\ \text{s}}{50 \cdot 10^{-3}\ \text{V}}$$

$$= 12{,}5 \cdot 10^{-3}\ \text{F}$$

groß dimensioniert werden.

Bei einer Eingangsspannung von $U_e = 10$ V muß die Drossel eine Induktivität von

$$L = \frac{U_e - U_a}{I_{L\,max}}\, T_{ein} = \frac{10\ \text{V} - 5\ \text{V}}{125\ \text{A}} \cdot 20 \cdot 10^{-6}\ \text{s} = 0{,}8\ \mu\text{H}$$

aufweisen.

Bei der Realisierung eines solchen Filters sind zwei Dinge zu beachten:
1. Die Drossel hat immer eine hohe Gleichstrom-Vormagnetisierung.
2. Die Kondensatoren werden als Elektrolytkondensatoren ausgeführt und wirken im Frequenzbereich von 20 kHz als induktiver Blindwiderstand, wie die Ortskurve der Impedanz eines charakteristischen Kondensators in Bild 1.17 aufweist. Die erforderliche Kapazität muß durch Parallelschaltung mehrerer Elkos erzeugt werden. Dadurch wird der Serienwiderstand verringert, die Serieninduktivität verringert und die Kapazität vergrößert.

2.6.2 Der Eintakt-Durchflußwandler

In Bild 2.19 ist zu der Schaltung des Eintakt-Durchflußwandlers, dessen Funktionsweise wir ja aus Abschnitt 2.6.1 kennen, der Verlauf der Spannungen und Ströme angegeben.

Betrachten wir zuerst einmal den Ausgleichsstrom I_A, so müssen wir dafür sorgen, daß der Ausgleichstrom am Ende der Sperrphase zu Null geworden ist. $I_A \neq 0$ bedeutet, daß der Transformatorkern noch nicht entmagnetisiert ist, und daß der Transformator mit einem Gleichstrom belastet ist. Bei einer Rückspeisung der Magnetisierungsenergie in den Elektrolytkondensator C_1 müssen Primär- und Ausgleichswicklung gleiche Windungszahl haben, weil ja die Spannungen gleich sind. Damit er-

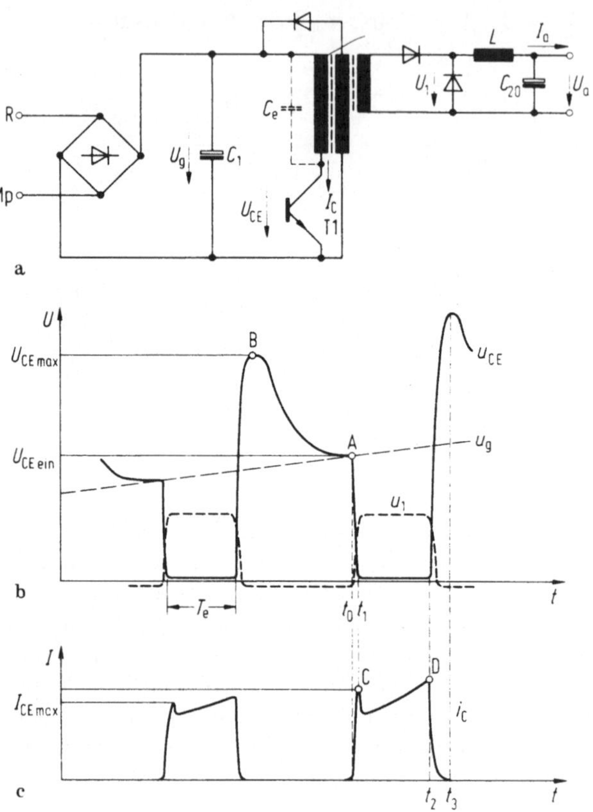

Bild 2.19a—c. Eintakt-Durchflußwandler, Schaltung, Spannungen und Ströme

gibt das Verhältnis von Einschaltsdauer t_e zur Periodendauer T als wichtigste Eigenschaft des Eintakt-Durchflußwandlers die Beziehung

$$V = \frac{t_e}{T} \leqq 0{,}5 \,. \tag{2.41}$$

Die für Entwurf und Beurteilung eines Eintakt-Durchflußwandlers wesentlichen Kenngrößen wollen wir hier anknüpfend der Reihe nach besprechen.

1. *Die Einschaltdauer t_e muß unter 50% der Periodendauer bleiben*, auch wenn

(a) die Rohgleichspannung den zeitlichen Minimalwert hat. Es ist daher günstig die Restwelligkeit der Rohgleichspannung so gering wie möglich zu halten,

(b) die Netzspannung am unteren Wert ihrer Toleranz angelangt ist,

(c) die Impulsbreitenregelung — durch eine schnelle Vergrößerung des Ausgangsstromes bedingt — die Spannung auf höhere Werte als die Nennspannung stellen will, um den zusätzlichen Spannungsabfall auszugleichen.

Unter Berücksichtigung dieser Einflußgröße sollte die Einschaltzeit aber so groß wie möglich gemacht werden, weil bei gegebenem Wert des Ausgangsstromes mit kürzer werdender Einschaltzeit der Maximalwert des Stromes steigen muß. Damit steigen auch die Schaltverluste im Transistor und die Kupferverluste in Transformator und Filterdrossel.

Unter Berücksichtigung dieser Bedingungen kommt man auf eine Einschaltzeit von $t_e/T \approx 0{,}35 \ldots 0{,}4$ für den Nennwert der Netzspannung.

2. *Der Schalttransistor T1 muß nach den Gegebenheiten von Strom, Spannung und erzeugter Wärme ausgewählt werden.* Die Kollektor-Emitter-Spannung von T1 hat den in Bild 2.19 b gezeichneten Verlauf. Eine kritische Stelle ist Punkt A, der Zeitpunkt des Einschaltens. Zu diesem Zeitpunkt kann die Grobspannung U_g den Wert

$$U_g (\geqq) 220\,\text{V} \cdot 1{,}1 \cdot \sqrt{2} = 342\,\text{V} ,$$

$1{,}1 = $ Faktor für stationäre Überspannung des Netzes

$\sqrt{2} = $ Faktor für die Scheitelgleichrichtung, die bei Leerlauf auftritt,

erreichen. Noch kritischer ist aber Punkt B. Hier addiert sich die von der Ausgleichswicklung in der Primärwicklung induzierte Spannung zur Rohgleichspannung. Die Sustaining-Spannung des Schalttransistors muß also sein

$$U_{CE\,sus} \leqq 2 U_{g\,max} S .$$

Der Sicherheitsfaktor S sollte nicht zu klein angesetzt werden, weil die Versorgungsnetze unterschiedliche kurzzeitige Überspannungen aufweisen können.

$$S = (1,1 \dots 1,2)$$

scheint angebracht. Damit wird die erforderliche Sustaining-Spannung für den Schalttransistor unseres Eintakt-Durchflußwandlers

$$U_{\mathrm{CE\,sus}} \geqq 2 \cdot 1,1 \cdot 220\,\mathrm{V} \cdot 1,1 \cdot \sqrt{2} = 753\,\mathrm{V} \,.$$

Transistoren mit einer solch hohen Sustaining-Spannung sind zur Zeit nicht im Handel, wohl aber Transistoren deren Sperrspannung $U_{\mathrm{CE0}} \geqq 750\,\mathrm{V}$ ist. Es bieten sich folgende Auswege an:

(a) Durch eine Beschaltung des Schalttransistors wird dafür gesorgt, daß, wenn $U_{\mathrm{CE}} > U_{\mathrm{CE\,sus}}$ ist, kein Strom mehr fließt ($I_{\mathrm{c}} = 0$); man kann dann U_{CE0} in Ansatz bringen.

Eine einfache und bewährte Methode ist das Zwischenspeichern von Energien in einem RC-Glied nach Bild 2.20. Jedoch ist die in der Streuinduktivität enthaltene Energie abhängig vom Lastzustand des Netzgerätes und daher veränderlich; das Verfahren ist deshalb nur für einigermaßen konstante Last anwendbar (zur Erinnerung: Der Laststrom durchfließt primäre und sekundäre Streuinduktivität, der Magnetisierungsstrom durchfließt nur die primäre Streuinduktivität; siehe Bild 1.2). Da der Laststrom ein Maß für die Größe der erforderlichen Kapazität von C_{10} ist, kann man C_{10} als Sperrschichtkapazität einer Leistungsdiode D10 ausführen und diese über einen Stromwandler Tr10 vom Kollektorstrom des Schalttransistors T1 steuern.

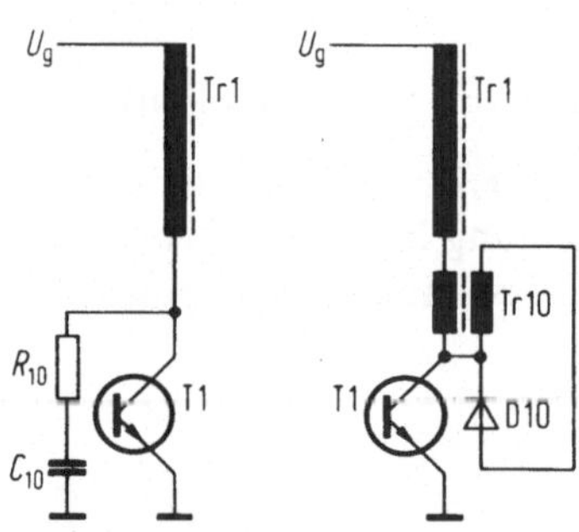

Bild 2.20. Schutzbeschaltungen für den Schalttransistor eines Eintaktdurchflußwandlers

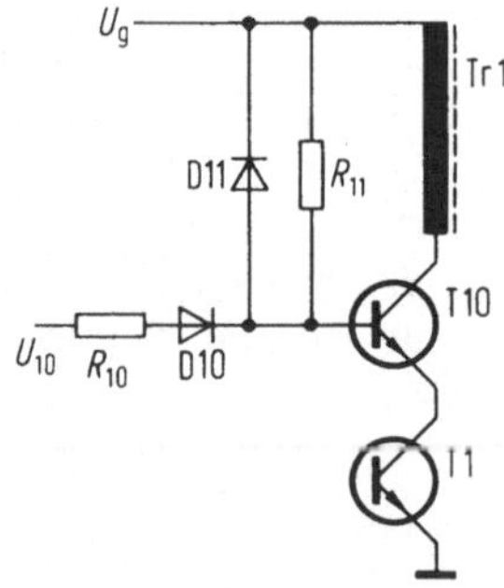

Bild 2.21. Eintakt-Durchflußwandler mit zwei in Reihe geschalteten Schalttransistoren

(b) Eine weitere einfache Methode ist das Reduzieren der Rohgleichspannung U_{g2} auf einen Wert von etwa der halben Sustaining-
Spannung durch einen Vorregler. Diesen Vorregler kann man auf die
verschiedensten Arten ausführen. Vorteilhaft wegen des guten Wirkungsgrades ist ein Vorregler mit Längsschalter. In diesem Fall sollte
man beide Schalttransistoren in einem starren Frequenzverhältnis
betreiben. Der Vorregler hält die Rohgleichspannung auf einem konstanten Wert. Die Ausgangsspannung wird durch das Tastverhältnis des Eintakt-Durchflußwandlers bestimmt.

(c) Benutzt man nach Bild 2.21 zwei in Reihe geschaltete Transistoren,
so kann man einen Transistor als Schalter einsetzen. Dieser Transistor T1 wird nur mit einer Sperrspannung von $U_{g\,max}$ beaufschlagt.
Wird die Spannung am Emitter von T10 positiver als der Augenblickswert von U_g, so wird T10 mit einer gegenüber dem Emitter negativen
Spannung über D11 gesperrt. Während der Leitphase von T1 wird
T10 über R_{10} und D10 mit Basisstrom versorgt. U_{10} muß ausreichend
positiv sein, um für alle vorkommenden Flußspannungen von T1
und Emitter-Basis-Spannungen von T10 noch genügend Basisstrom
für T10 sicherzustellen.

(d) Für den Strom durch den Schalttransistor ist folgendes zu berücksichtigen:
Der Kollektorstrom darf den zulässigen Impulsspitzenstrom und den
maximalen Impulsstrom nicht übersteigen. Kritische Punkte sind
C und D in Bild 2.19c.
Der Impuls-Spitzenstrom bei Punkt C in Bild 2.19 wird durch die
Entladung der Eingangskapazität C_e der Primärwicklung erzeugt.
C_e ist auf den Augenblickswert von U_g aufgeladen.
Der maximale Impulsstrom bei Punkt D beendet den Stromanstieg
während der Zeit, in der T1 leitend ist. Der Stromanstieg von I_c
resultiert aus dem (kleineren) Anteil des Magnetisierungsstromes und
dem (größeren) Anteil des Drosselstromes

$$i = \frac{1}{L} \int u \, dt \, . \tag{2.42}$$

Die bisher angeführten quasistationären Werte für Spannungen und
Ströme können meist ohne Schwierigkeiten eingehalten werden.
Kritischer ist das Verhalten während des Ein- und Ausschaltens.
Diese Schaltvorgänge werden mit Hilfe des sogenannten Safe-

Operating Area kontrolliert. Es ist dazu notwendig, Strom und Spannung im gleichen Zeitmaßstab zu oszillografieren und das Ergebnis in das Safe Operating Area einzutragen.

(e) Sind auch die Bedingungen des Safe Operation Area erfüllt, so muß in einem letzten Schritt noch festgestellt werden, welche Wärme in dem oder den Schalttransistoren erzeugt wird. Es muß dann ein Weg gefunden werden, die erzeugte Verlustwärme abzuführen.

Maßgebend für die anzuwendende Art der Wärmeabfuhr ist die zulässige Sperrschichttemperatur des oder der Schalttransistoren. Die erzeugte Wärme entsteht in den folgenden vier Teilen des Schaltzyklus:

Während der Transistor gesperrt ist, erzeugt er eine Wärmemenge, die der elektrischen Leistung

$$P_{\text{aus}} = U_{\text{CE}} I_{\text{CE0}} \tag{2.43}$$

äquivalent ist. Die erzeugte Wärme ist im allgemeinen vernachlässigbar.

— Während der Transistor leitend ist, wird eine der Arbeit

$$A_{\text{ein}} = \int_{t=0}^{t=t_{\text{e}}} U_{\text{CE}} i_{\text{C}} \, dt \tag{2.44}$$

äquivalente Wärmemenge erzeugt.

Für konstante U_{CE} und I_{C} kann man vereinfachen zu

$$P_{\text{ein}} = U_{\text{CE}} I_{\text{C}} \, T_{\text{e}} f, \tag{2.45}$$

wobei U_{CE} bei einem als Schalter betriebenen Transistor die Sättigungsspannung $U_{\text{CE sat}}$ ist.

— Während der Transistor aus dem Sperr- in den leitenden Bereich übergeht, wird die Arbeit

$$A_{\text{H} \to \text{L}} = \int_{t=t_2}^{t=t_1} U_{\text{CE}} i_{\text{C}} \, dt \tag{2.46}$$

in Wärme umgesetzt. Man oszillografiert Strom und Spannung und multipliziert die Augenblickswerte. Die entstandene Arbeitskurve integriert man und erhält die Arbeit für einen Vorgang.

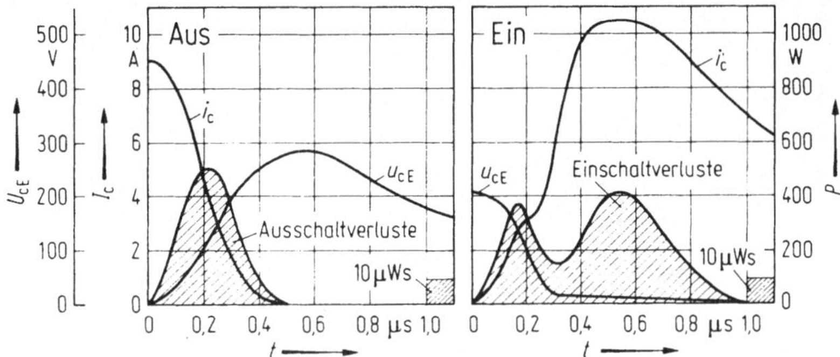

Bild 2.22. Verlauf von Spannung, Strom und Verlustleistung bei Darlingtontransistoren in einem Netzgerät in Brückenschaltung

— Der kritischere Fall ist der Übergang des Transistors vom leitenden in den gesperrten Zustand. Die Arbeit ist hier analog

$$|A_{\mathrm{L}\to\mathrm{H}}| = \int_{t=t_2}^{t=t_1} U_{CE} i_C \, \mathrm{d}t \, . \qquad (2.47)$$

Hier gilt es auch noch, die Sperrverzögerung des Transistors zu berücksichtigen. In Bild 2.22a, b sind Ein- und Ausschaltkurven von Strom und Spannung für Darlington-Transistoren und die zugehörigen Verluste aufgezeichnet. Es wurde dabei durch schaltungstechnische Maßnahmen erreicht, daß die Verluste beim Ein- und Ausschalten etwa gleich groß waren. Dies ist gar nicht einfach und erzeugt auch Verluste, die in der gleichen Größenordnung liegen als ob die Transistoren nicht gesättigt wären.
Außer den Verlusten beim Ausschalten gibt es noch folgende Gründe, die gegen eine Sättigung des Schalttransistors sprechen: Die bei konstantem Basisstrom unterschiedliche Speicherzeit und die vom Verhältnis I_C/I_B abhängige Schaltzeit.
Dem steht als Nachteil eine höhere Verlustleistung in der Leitphase des Schalttransistors gegenüber. In Bild 2.23 ist daher eine Schaltung angegeben, in der der Transistor nicht gesättigt wird. Die Spannung am Emitter des Darlington-Schalttransistors ist durch die Diode D um etwa 1 V angehoben worden. Mit Ansteuerimpulsen von den Ausgängen von CMOS-Schaltkreisen her erlaubt die Ansteuerung

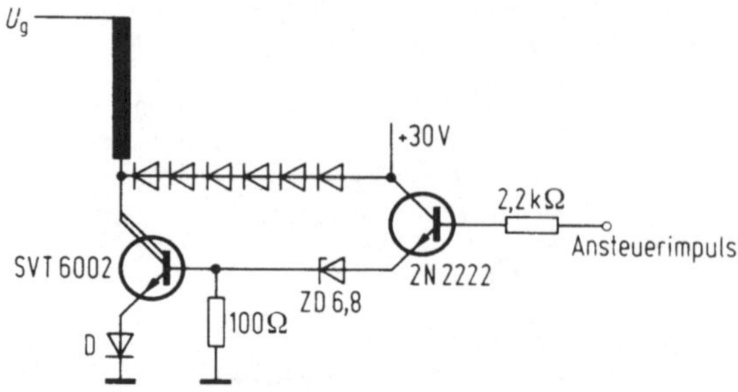

Bild 2.23. Nicht gesättigter Schalter für einen Eintakt-Durchflußwandler, der direkt von MOS-Bausteinen ansteuerbar ist

das Schalten von Strömen bis zu etwa 5 A. Dieser Schalttransistor, kann, kombiniert mit der Schaltung nach Bild 2.21, direkt am Netz betrieben werden. Ein solcher Eintakt-Durchflußwandler hat eine Ausgangsleistung bis zu etwa 400 W bei einer Ausgangsspannung von 5 V.

3. Das Filter am Ausgang eines Eintakt-Durchflußwandlers kann nur ein Filter mit einer Induktivität im Eingang sein. Das Filter wird mit einer Drossel — die eine Gleichstromvormagnetisierung hat — und Elektrolytkondensatoren aufgebaut. Hierbei muß mit den bereits beschriebenen Unvollkommenheiten der Elektrolytkondensatoren bei höheren Zerhackerfrequenzen gerechnet werden.

Das Filter wird mit Rechteckspannungen von der Periodendauer der Zerhackerfrequenz gespeist. Die durch Energiespeicherung zu überbrückende Zeit ist größer als die halbe Periodendauer.

Um die entstehende Restwelligkeit am Ausgang abschätzen zu können, kann man auch bei bekanntem L und C das Bode-Diagramm

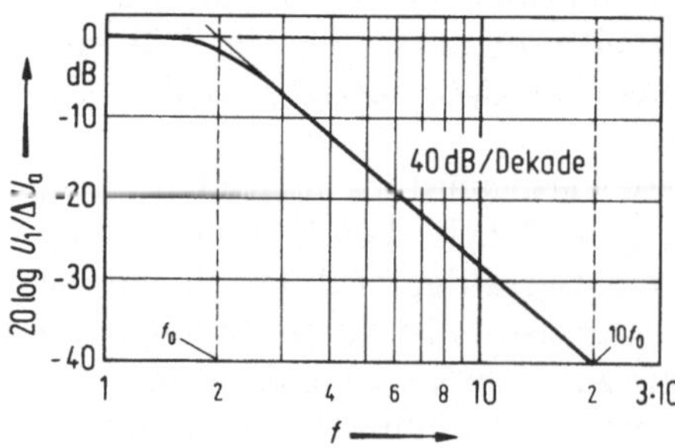

Bild 2.24. Bode-Diagramm zur Ermittlung der Restwelligkeit der Ausgangsspannung für Durchflußwandler

aus Bild 2.24 benutzen. Man rechnet von der Eckfrequenz mit der Restwelligkeit von 100% ausgehend eine Verringerung der Restwelligkeit von 40 dB/Dekade. Die Resonanzeffekte bei t_0 kann man vernachlässigen, weil Schaltregler immer eine Grundlast haben müssen. Dadurch kann man mit dem Dämpfungsverlauf wie in Bild 2.24 rechnen.

Mit dem Eintakt-Durchflußwandler steht ein Netzgerätetyp zur Verfügung, der durch folgende Eigenschaften gekennzeichnet ist:
— Speisung des Netzgerätes direkt aus dem 220-V-Netz.
— Ausgangsleistungen bis zu etwa 400 W am Ausgang des Nctzgerätes.
— Wirkungsgrade von 70 bis 80%, je nach Belastung und Ausgangsspannung.
— Geringes Bauvolumen, bezogen auf die Ausgangsleistung.
— Regelzeiten im Bereich von 100 bis 500 µs, bei einer Änderung des Laststromes von 70 auf 100% des Nennstromes oder umgekehrt.
— Eine mit modernen Leistungstransistoren beherrschbare Schaltungstechnik.
— Ein relativ hoher Preis der Bauelemente.

2.6.3 Durchflußwandler mit gesteuerter Vollbrücke

Beim Eintakt-Durchflußwandler wird der Transformatorkern nur in einer Richtung magnetisiert. Diesen Nachteil vermeidet man durch Anordnung der Transistoren in einer Brückenschaltung. Durch die Verwendung von 4 Transistoren steigt zwar der Aufwand an Bauele-

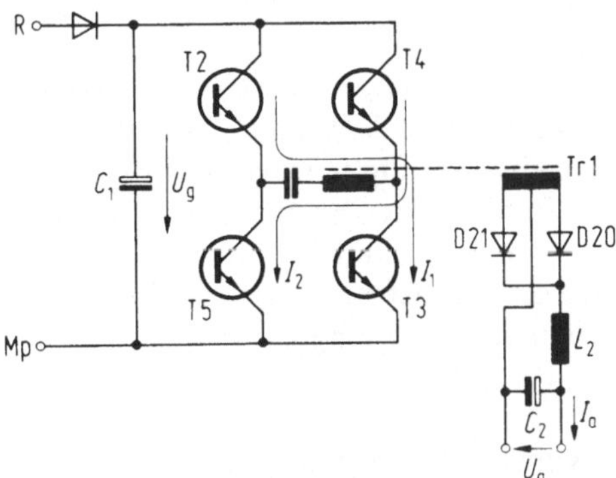

Bild 2.25. Prinzipschaltbild eines Durchflußwandlers mit gesteuerter Vollbrücke

menten, es wird aber auch ein größerer Leistungsbereich erschlossen. Die Grundschaltung eines Schaltreglers mit gesteuerter Vollbrücke zeigt Bild 2.25.

Als Gleichspannungsquelle dient wieder die Rohgleichspannung U_g. Der Primärstrom des Transformators $T1$ fließt zu verschiedenen Zeiten als I_1 über die Transistoren T2 und T3 und als I_2 über die Transistoren T4 und T5, der Transformator wird also in wechselnder Richtung magnetisiert. Bei der Steuerung der Transistoren T2 bis T5 muß auch hier eine Zwangslücke vorgesehen werden, da die Rohgleichspannung kurzgeschlossen ist, wenn T2 und T5 bzw. T4 und T3 gleichzeitig leitend sind.

Die Regelung der Ausgangsspannung erfolgt auch beim Durchflußwandler mit gesteuerter Vollbrücke durch eine Impulsbreitensteuerung.

Die Niederspannungsseite mit den Gleichrichterdioden D20 und D21 und dem Filter aus L_2 und C_2 ist hier — entsprechend der Durchflutung des Transformators nach beiden Richtungen — als Gegentaktgleichrichtung ausgeführt. Dies hat zwei Vorteile:

1. Die zu filternde Grundwelle hat die doppelte Frequenz gegenüber dem Eintaktdurchflußwandler.
2. Der Wirkungsgrad der Gleichrichtung ist höher.

Die Funktion der Freilaufdiode übernimmt die jeweils nicht stromführende Gleichrichterdiode.

An einer kompletten Schaltung eines Schaltreglers mit gesteuerter Vollbrücke sollen jetzt die für die Dimensionierung und für die Beurteilung eines solchen Netzgerätes wichtigen Kriterien besprochen werden. Das Netzgerät wurde für höchste Ausgangsleistungen (2500 W) entwickelt. Es enthält daher alle wichtigen Schaltungsdetails. Einige davon können bei geringeren Anforderungen entfallen.

1. *Die Rohgleichspannung* wird bei hohen Ausgangsleistungen vorteilhaft aus dem Drehstromnetz erzeugt. Bild 2.26 zeigt die gewählte Schaltung; eine Drehstrom-Brückenschaltung würde allerdings eine geringere Restwelligkeit liefern. Für die zur Verfügung stehenden Transistoren ist aber bei einer Brückenschaltung die Rohgleichspannung zu hoch. Daher wurde die Drehstrom-Sternschaltung zur Gleichrichtung gewählt. Die maximale Spannung ist

$$U_{g\,max} = 220\,\text{V} \cdot 1{,}1 \cdot \sqrt{2} = 342\,\text{V} \tag{2.48}$$

für eine höchste Netzspannung von 110 % des Nennwertes.

Die gewählten Transistoren mit $U_{CE\,sus} = 400\,V$ bieten also noch eine genügende Sicherheit. Zur Siebung der Rohgleichspannung wurde ein Elektrolytkondensator benutzt. Dadurch wäre der Strom, der beim Einschalten des Gerätes kurzzeitig dem Netz entnommen wird, sehr hoch geworden. Abhilfe schafft hier ein Strombegrenzungswiderstand R_1, der von einem Thyristor Ty1 oder einem Kontakt überbrückt wird, wenn der Elektrolytkondensator C_1 aufgeladen ist. Der Einschaltstrom ist dann

$$I_{C\,max} \leqq \frac{220\,V \cdot 2 \cdot 1.1}{R_1}. \tag{2.49}$$

Das Einschaltsignal TyE (siehe Bild 2.26) für den Thyristor ist ein einmaliger Impuls und darf erst gegeben werden, wenn alle Hilfseinrichtungen des Netzgerätes betriebsfähig sind.

2. An die *Schalttransistoren* werden folgende Anforderungen gestellt:
(a) Die erforderliche Sustaining-Spannung ist in der Brückenschaltung nur gleich dem höchstmöglichen Wert der Rohgleichspannung U_g. Eine Aufteilung der Rohgleichspannung auf die beiden Transistoren eines Brückenzweiges ist nur im quasistationären Betrieb möglich. Während des Schaltvorganges ist es wohl unmöglich, die Spannung gleichmäßig auf beide Transistoren zu verteilen.
Wird der Strom durch den Transformator abgeschaltet, erzeugt die in Haupt- und primärer Streuinduktivität gespeicherte Energie Spannungsspitzen, die weit über U_g hinausgehen. Diese Spannungs-

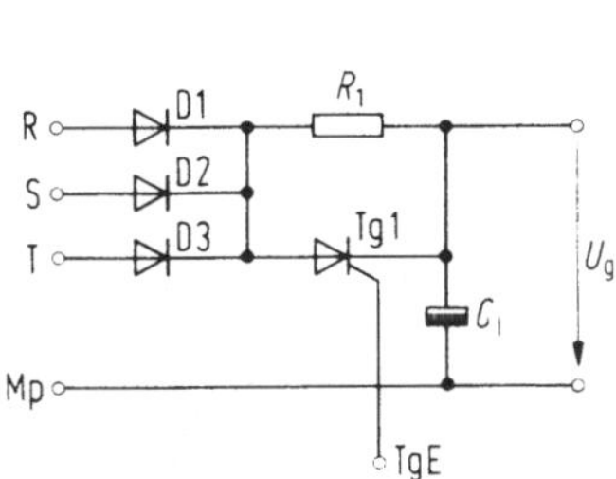

Bild 2.26. Erzeugung einer Rohgleichspannung vom Drehstromnetz mit Einschaltstrombegrenzung

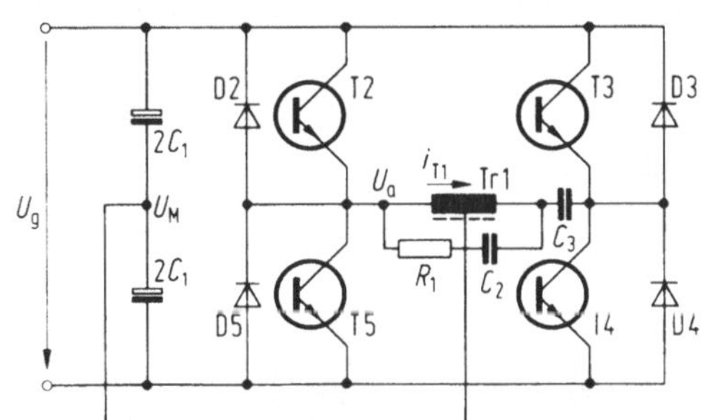

Bild 2.27. Schutz der Schalttransistoren gegen Überspannung und Symmetrierung der Spannung von der aus die Transistoren einschalten

spitzen werden mit den Dioden D2, D3, D4 und D5 in Bild 2.27 auf den Wert der Rohgleichspannung begrenzt. An dieser Stelle muß man Dioden mit geringer Freiwerdezeit einsetzen.

(b) Um die Schaltverluste aller Schalttransistoren beim Einschalten gleich zu machen, ist es erforderlich, daß beide Transistoren eines Brückenzweiges von der gleichen Spannung ausgehend leitend werden. Legt man die Mitte des Transformators Tr1 auf die Mitte von U_g (hier über den kapazitiven Spannungsteiler aus $2C_1$ und $2C_1$) so haben, wenn alle Transistoren gesperrt sind, diese auch alle dieselbe Spannung. Den zeitlichen Verlauf der Spannungen und Ströme an den einzelnen Schalttransistoren zeigt Bild 2.28. Während der Zeit, in der alle 4 Transistoren gesperrt sind (Zeit a in Bild 2.28), schwingt der Transformator — der ja zusammen mit den Emitter-Kollektor-Kapazitäten der 4 Schalttransistoren ein schwingfähiges Gebilde darstellt — gedämpft aus. Diese Schwingung wird durch die RC-Beschaltung aus R_1 und C_2 in ihrer Dämpfung so eingestellt, daß die Schwingung beendet ist, wenn der Transformator wieder an die Grobspannung geschaltet werden soll.

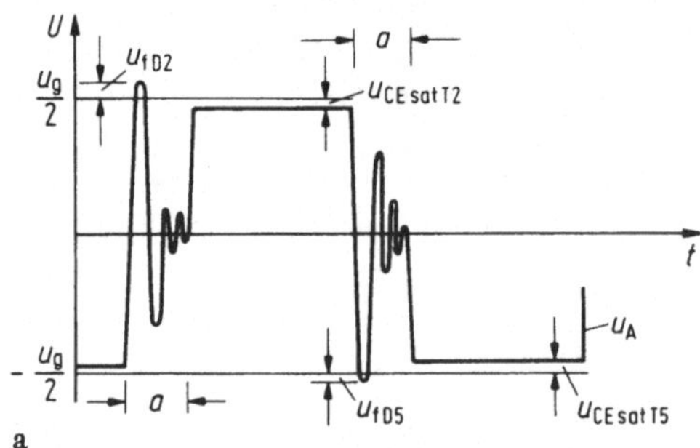

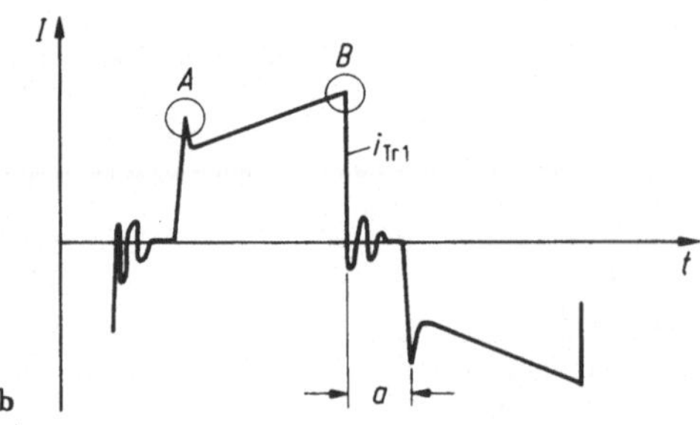

Bild 2.28a u. b. Spannungs- und Stromverläufe an einem Durchfluß-wandler mit gesteuerter Vollbrücke

(c) Der Strom durch die Schalttransistoren hat wie der die schon vom Eintakt-Durchflußwandler her bekannten kritischen Punkte A und B.

3. Ganz wesentlich ist, daß die an den Transformator gelegten Spannungszeitflächen in positiver wie in negativer Richtung gleich sind. Eine Ungleichheit ergibt eine resultierende Gleichspannung, und diese hat einen Gleichstrom durch den Transformator zur Folge. Dieser Gleichstrom wird nur durch den Gleichstromwiderstand der Primärwicklung des Transformators begrenzt. Er belastet die Schalttransistoren und magnetisiert den Transformator mit Gleichstrom vor.
    Abhilfe schafft die Kapazität C_3 (in Bild 2.27) in Reihe mit dem Transformator. Die durch die Unsymmetrie der Spannungsflächen erzeugte Gleichspannung kann man an diesem Kondensator direkt messen.
    Die Schaltverluste in den 4 Schalttransistoren begrenzen bei dem heutigen Stand der Technologie der Hochspannungstransistoren die Leistung des Durchflußwandlers. Es muß daher peinlich genau darauf geachtet werden, daß sich die gesamte Verlustleistung gleichmäßig auf alle 4 Transistoren verteilt.
    Über die Einhaltung des Safe Operating Area-Diagramms, des maximal zulässigen Impulsspitzenstromes, des maximal zulässigen Impulsstromes, der maximal zulässigen Verlustleistung und deren Ableitung bei zulässigen Übertemperaturen gibt es gegenüber dem Eintakt-Durchflußwandler keine Veränderungen.

4. Die maximal zulässige Impulsbreite von 50% der Periodendauer ist beim Durchflußwandler mit Vollbrücke auch nicht völlig zu nutzen. Die maximale Impulsdauer muß noch eine Reserve enthalten, damit niemals zwei Transistoren, die nicht in einem Brückenzweig liegen, gleichzeitig leiten. Diese Reserve vergrößert sich bei Betrieb der Transistoren als gesättigte Schalter noch um die Speicherzeit. Eine Reservezeit von etwa 2 µs erscheint sinnvoll und notwendig. Bei einer Zerhackerfrequenz von 20 kHz ist die Periodendauer 50 µs. Da in einer Periode zwei Transistorpaare je einmal ein- und ausgeschaltet werden, stehen also für die eigentliche Leitphase nur etwa 20 µs zur Verfügung. Dieser Wert darf auch dann nicht überschritten werden, wenn
— die Eingangsspannung den unteren Wert der Toleranz hat,

— die Rohgleichspannung den niedrigsten Augenblickswert aufweist, und

— der Ausgangsstrom auf seinem maximalen Wert ist.

5. Der Transformator sollte, wenn der Ausgangsstrom den zulässigen Durchlaßstrom I_f einer Gleichrichterdiode überschreitet, mit mehreren Ausgangswicklungen versehen werden. Schaltet man an jede Ausgangswicklung nur eine Diode, so wird die Stromverteilung über den Innenwiderstand des Transformators sichergestellt (Bild 2.29) und weitere — Verluste erzeugende — Maßnahmen erübrigen sich. Nach dem heutigen Stand der Technik (1979) ist bei Netzgeräten mit einer Ausgangsspannung von 5 V der Eintakt-Durchflußwandler in der Lage, 50 bis 60 A zu liefern, ein Wert, der noch mit einer Hot-carrier-Diode gut gleichzurichten ist. Bei größeren Ausgangsleistungen nimmt man einen Durchflußwandler mit gesteuerter Vollbrücke und kommt mehr oder weniger zwangsläufig zu einer Schaltung mit mindestens zwei parallelen Gleichrichterdioden.

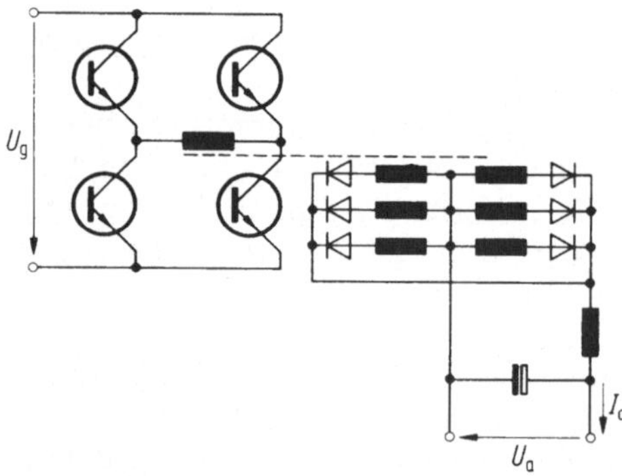

Bild 2.29. Parallelschaltung von Gleichrichterdioden beim Durchflußwandler mit Vollbrücke

6. Das Filter des Durchflußwandlers mit gesteuerter Vollbrücke bietet gegenüber dem bisher gesagten nichts Neues. Bei einer Zerhackerfrequenz von 20 kHz hat die Frequenz am Eingang des Filters durch die Gleichrichtung beider „Halbwellen" jetzt die doppelte Frequenz. Da bei großen Ausgangströmen auch häufig große Laständerungen vorkommen, muß man am Ausgang einen Kondensator mit großer Kapazität anordnen, um genügend Energie speichern zu können. Diese große Kapazität wird wieder durch die Parallelschaltung mehrerer kleiner Elkos realisiert.

Netzgeräte, die als Durchflußwandler mit gesteuerter Vollbrücke ausgeführt sind, zeichnen sich durch folgende charakteristischen Eigenschaften aus:

— Speisung des Gerätes direkt aus dem ein- oder mehrphasigen Netz.
— Ausgangsleistung bis etwa 2,5 kW.
— Wirkungsgrade von 80 % und darüber.
— Geringstes Bauvolumen, bezogen auf die Ausgangsleistung.
— Regelzeiten im Bereich von 75 bis 300 µs bei einer Änderung des Laststroms um $^1/_3$ des Nennwertes.
— Eine gut beherrschbare Schaltungstechnik. Diese wird für Ausgangsleistungen über 1 kW allerdings recht anspruchsvoll.
— Ein relativ hoher Preis der Bauelemente.

2.6.4 Durchflußwandler mit gesteuerter Halbbrücke

Aus dem Durchflußwandler mit gesteuerter Vollbrücke kann man den Durchflußwandler mit gesteuerter Halbbrücke dadurch ableiten, daß man den Transformator primärseitig mit einem Ende der Wicklung an die Mitte der Rohgleichspannung U_g anschließt. Bild 2.30 zeigt die Prinzipschaltung. Der Transformatorstrom durchfließt die beiden Schalter in den angegebenen Richtungen als I_1 und I_2. Eine Gleichstromvormagnetisierung des Transformators wird wieder durch den Kondensator C_1 verhindert.

Die sekundäre Gleichrichtung besteht wieder aus einer Gegentakt-Schaltung der Dioden D1 und D2; das Filter aus C_2 und L_2 entspricht dem des Durchflußwandlers mit gesteuerter Vollbrücke. Wo liegen nun aber die Unterschiede?

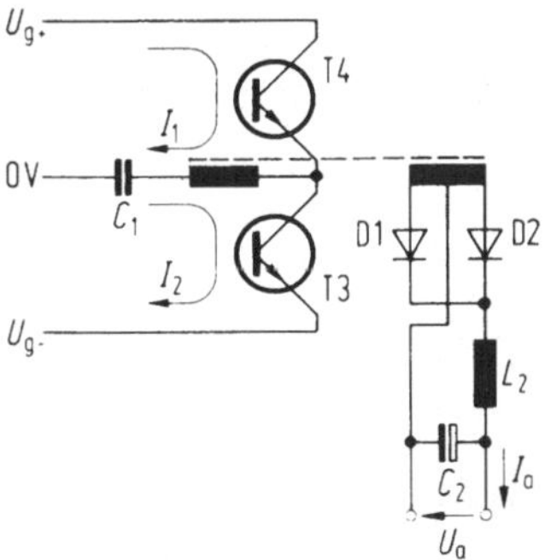

Bild 2.30. Prinzipschaltung eines Durchflußwandlers mit gesteuerter Halbbrücke

1. Die zu übertragende Leistung des Transformators ist bei gleicher Höhe der Rohgleichspannung halbiert, weil nur ein Eingang des Transformators zwischen U_g+ und U_g- hin- und hergeschaltet wird.
2. Die spannungsmäßige Belastung der Transistoren bleibt ebenso wie die Auswahl der Schutzmaßnahmen gleich, lediglich deren Anzahl halbiert sich. Diesen — wenn die abgegebene Leistung ausreicht — erheblichen Vorteil erkauft man sich aber durch einen Mehraufwand bei der Erzeugung der Rohgleichspannung. Hierfür gibt es die drei Lösungen in Bild 2.31.
(a) Die Drehstrom-Brückenschaltung mit belastetem Mp-Leiter, Bild 2.31a, ergibt eine geringe Restwelligkeit der Rohgleichspannung. Nachteilig ist die Belastung des Mp-Leiters und der Zwang zum Anschluß an ein Drehstromnetz.
(b) Bei der getrennten Gleichrichtung von positiver und negativer Halbwelle der Netzspannung ist die entstehende Restwelligkeit und somit der erforderliche Aufwand für die Siebung sehr hoch (Bild 2.31b).
(c) Die Erzeugung des Nullpotentials durch einen kapazitiven Spannungsteiler, wie in Bild 2.31c gezeigt, ist eine häufig angewendete Methode. Man hat aber nur dann einen Vorteil, wenn der Preis

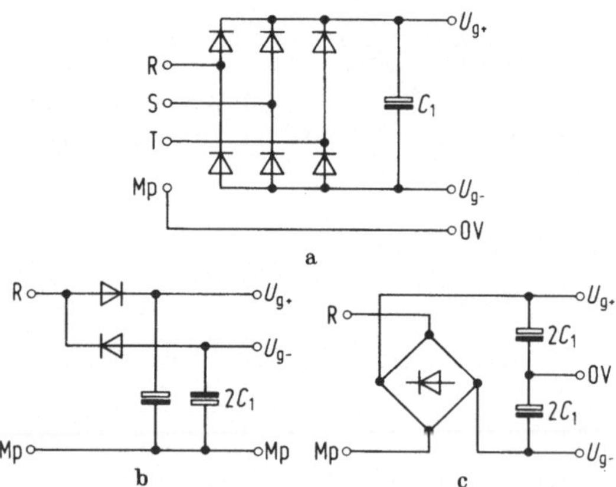

Bild 2.31a—c. Möglichkeiten zur Erzeugung der Rohgleichspannungen für einen Durchflußwandler mit gesteuerter Halbbrücke.
(a) Drehstrom-Brückenschaltung mit Mittelpunkt, **(b)** einphasige Gleichrichtung, **(c)** kapazitive Spannungsteiler

der eingesparten Leistungstransistoren wirklich wesentlich über dem der zusätzlich einzubauenden Siebmittel liegt. Der Spannungsabfall des transformierten Ausgangsstromes am komplexen Widerstand der Elektrolytkondensatoren $2C_1$ darf ebenfalls nicht vernachlässigt werden.

Netzgeräte nach dem Verfahren der gesteuerten Halbbrücke zeichnen sich durch folgende Eigenschaften gegenüber dem Eintakt-Durchflußwandler und gegenüber Netzgeräten mit gesteuerter Vollbrücke aus:

— Die Ausgangleistung ist bei gleicher Auslegung der Schalttransistoren halb so groß wie die eines Gerätes mit gesteuerter Vollbrücke und doppelt so groß wie die eines Eintakt-Durchflußwandlers.

— Das Bauvolumen ist bei gleicher Leistung nicht unwesentlich größer.

2.6.5 Durchflußwandler in Gegentaktschaltung

Bei einem Durchflußwandler in Gegentaktschaltung, nach der Prinzipschaltung in Bild 2.32, wird die wechselseitige Durchflutung des Transformatorkernes durch zwei getrennte Wicklungen erzeugt. Diese Wicklungen werden von den Strömen I_1 und I_2 zeitversetzt durchflossen. Da die Magnetisierung wechselseitig ist, kommt auf der Niederspannungsseite wieder eine Zweiweg-Gleichrichtung zur Anwendung.

Der Gegentakt-Durchflußwandler hat eine Eigenschaft, auf die hier sehr deutlich hingewiesen werden muß:

Die an die Wicklungen angelegten Spannungs-Zeitflächen müssen absolut identisch sein, weil eine Unsymmetrie einer an den Transformator angelegten Gleichspannung entspricht und dadurch der Strom durch die Schalttransistoren nur durch den ohmschen Widerstand des Transformators begrenzt wird. Dieser Effekt ist uns bereits von dem Durch-

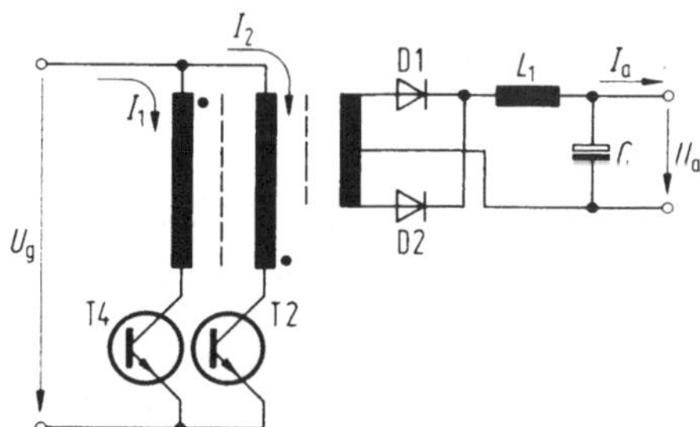

Bild 2.32. Prinzipschaltung des Durchflußwandlers in Gegentaktschaltung

flußwandler in Brückenschaltung bekannt. Dort konnte mit einem Kondensator leicht Abhilfe geschaffen werden. Hier geht das nicht!
Da es nach dem heutigen Stand der Technik nicht möglich ist, die Schalt- und Speicherzeiten der Schalttransistoren für verschiedene Kollektorströme konstant und gleich zu halten, muß man zu sehr schnellen Schalttransistoren greifen, um wenigstens die Schalt- und Speicherzeiten dem Betrag nach klein zu halten. Solche Transistoren sind im Handel, aber nicht für Spannungen, die einen Betrieb direkt am Netz zulassen und nicht für Kollektorströme, die Ausgangsleistungen in der Größenordnung der Ausgangsleistung des Eintakt-Durchflußwandlers zulassen.
Aus dieser Eigenschaft des Gegentaktwandlers zeichnet sich bereits sein Einsatzgebiet deutlich ab:
— Ausgangsleistungen bis zu etwa 100 W.
— Eingangsspannungen bis etwa 50 V.
Nur für diesen beschränkten Anwendungsbereich erscheint es sinnvoll, die Gleichstrommagnetisierung des Transformators zu vermeiden.
Die Schaltung nach Bild 2.33 nimmt ganz bewußt den Nachteil in Kauf, daß die beiden Schalttransistoren T1 und T2 während einer kurzen Zeit

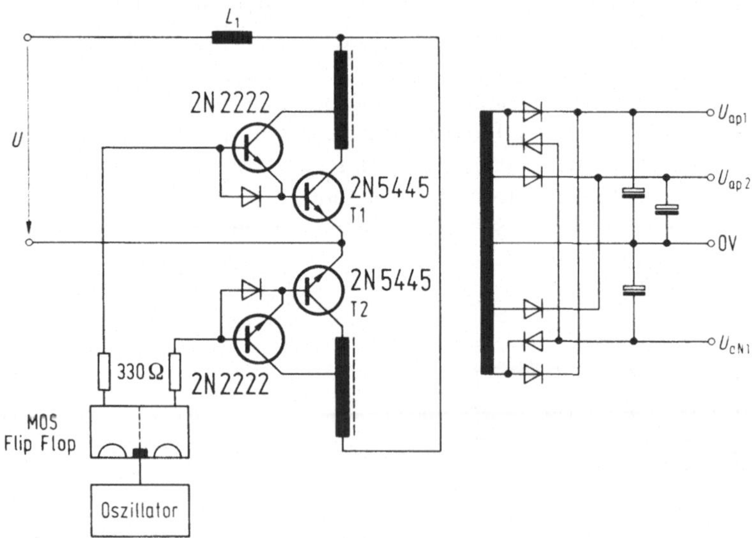

Bild 2.33. Schaltung eines Gegentakt-Durchflußwandlers für 3 Ausgangsspannungen

gleichzeitig leitend sind. Der entsprechende Stromanstieg wird durch die Drossel L_1 verringert. Gleichzeitig wird durch die Vormagnetisierung der Drossel eine gewisse Symmetrierung der unterschiedlichen Stromflußzeiten der Schalttransistoren erzielt.

Diese Drossel ist gleichzeitig die Eingangsdrossel des Ausgangsfilters, nur auf die Primärseite des Transformators transformiert.

Am Ausgang dieses Netzgerätes kann man durch das streng gleiche Tastverhältnis bei entsprechender Gleichrichtung jetzt gleichzeitig eine positive und eine negative Gleichspannung abnehmen.

Will man das Tastverhältnis 1:1 streng einhalten, so kann man die Ausgangsspannung nicht durch eine Impulsbreitensteuerung regeln. Es muß also die „Grobspannung" U konstant gehalten werden. Dazu dient ein einfacher Vorregler, der zum Beispiel als Längsschalter ausgeführt werden kann. Als Istwert dient diesem Regler bei mehreren Ausgangsspannungen jene Ausgangsspannung, deren Laststrom den stärksten Schwankungen unterworfen ist. Alle anderen Spannungen, in Bild 2.33 U_{aP2} und U_{aN1}, — es sind aber noch beliebig viele weitere Ausgangsspannungen möglich — werden konstant gehalten. Die Schwankungen der nicht zur Regelung herangezogenen Ausgangsspannungen sind hervorgerufen durch den unterschiedlichen Spannungsabfall des Laststromes der geregelten Ausgangsspannung

$$\Delta U_{an} = R_i I_a \frac{U_{an}}{U_a}. \qquad (2.50)$$

Darin ist

U_{an} die zu betrachtende Ausgangsspannung,
U_a die geregelte Ausgangsspannung,
ΔI_a die Stromänderung des Ausgangsstromes der geregelten Ausgangsspannung U_a.

Man erkennt sofort, daß ein solches Netzgerät sich vorzüglich dazu eignet, mehrere Spannungen konstant zu halten. Benötigt man z. B. +5V für TTL- und ±15 V für analoge Schaltkreise, kann man davon ausgehen, daß die Schwankungen der +5-V-Spannung besser ausgeregelt werden müssen. Weiterhin ist es bei kleinen gemischt analogen und digitalen Verbrauchern so, daß die Schwankungen im Stromverbrauch bei TTL-Schaltkreisen höher sind als bei analogen Schaltkreisen.

Bemerkenswert ist weiterhin, daß die Filter aller 3 Ausgangsspannungen

aus einer gemeinsamen Drossel L_1 bestehen, während die Kondensatoren auf der Ausgangsseite jeder einzelnen Spannung zugeordnet sind.
Als Gegentakt-Durchflußwandler ausgebildete Netzgeräte zeichnen sich durch folgende Eigenschaften aus:

— Das Vorhandensein zweier Stufen; dabei kann der Vorregler in verschiedenen Techniken aufgebaut sein.

— Für den eigentlichen Gegentakt-Zerhacker eine geringe Eingangsspannung.

— Geringe Ausgangsleistung, bis etwa 50 W.

— Die Möglichkeit, viele Ausgangsspannungen zu erzeugen, eine davon zu regeln, und die anderen gut konstant zu halten.

— Ein bei mehreren erzeugten Ausgangsspannungen geringer Aufwand an Bauelementen.

2.6.6   Sperrwandler

Sperrwandler sind aus den bereits erwähnten Gründen (hohe Spitzenströme und daher höhere Verluste) nur für kleine Ausgangsleistungen geeignet. Da die Filterdrossel gegenüber dem Durchflußwandler entfallen kann, bietet sich als Schaltung eigentlich nur der Eintakt-Sperrwandler an. Die Prinzipschaltung zeigt Bild 2.34a.
In dem Transformator sind folgende Funktionen vereint:
— Die Spannungstransformation.
— Die Filterdrossel.
Wird der Schalttransistor leitend, so fließt ein Strom, der in der Hauptinduktivität die Energie

$$W = \frac{L_H I_{C\,max}^2}{2} \tag{2.51}$$

speichert. Diese Energie wird während der Sperrphase des Schalttransistors der Sekundärwicklung entnommen und mit D2 gleichgerichtet. Der Überschuß über den Verbrauch von I_a wird im Kondensator C_2 zwischengespeichert und deckt den Ausgangsstrom während der Leitphase des Schalttransistors.
Die Regelung der Ausgangsspannung erfolgt auch hier mit einer Impulsbreitensteuerung. Die Leitphase und damit der Spitzenwert von I_C muß umso größer sein, je mehr Energie der Ausgang zur Verfügung stellen muß.

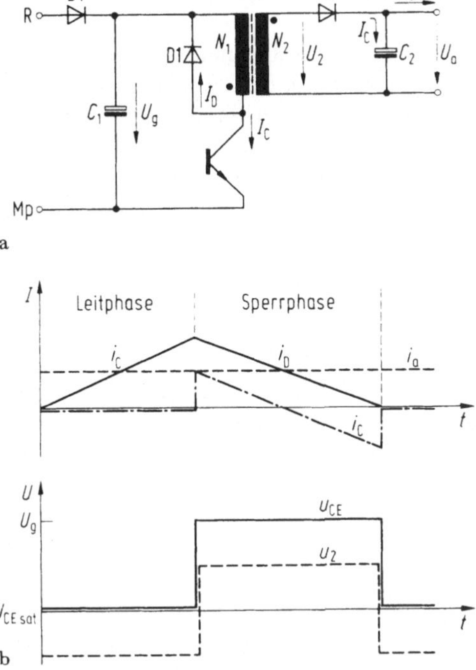

Bild 2.34a u. b. Prinzipschaltung des Sperrwandlers und idealisierter zeitlicher Verlauf von Strömen und Spannungen

Da der Transformator gleichzeitig zur Spannungsanpassung und als Energiespeicher Verwendung findet, muß er im Volumen relativ größer sein als der Transformator beim Eintakt-Durchflußwandler.
Vorteilhaft ist beim Sperrwandler die geringe während der Sperrphase auftretende Kollektor-Emitter-Spannung. Diese ist nur so hoch wie die Rohgleichspannung U_g [2.6].
Netzgeräte nach dem Prinzip des Eintakt-Sperrwandlers sind durch folgende Eigenschaften charakterisiert:
— Geringe Ausgangsleistungen.
— Wirkungsgrade, die etwa auf der Mitte zwischen Längsregler und Eintakt-Durchflußwandler liegen.
— Geringer Aufwand.
— Kleinste Bauvolumen.

2.6.7 Netzgerät mit Netztransformator und Längsschalter

Die Schaltungsvariante Netztransformator mit einem Netzgerät mit Längsschalter wird noch recht häufig angewendet, weil die Hersteller von Netzgeräten den Aufwand von Zerhackernetzgeräten scheuen. Der Nachteil dieser Schaltungstechnik, Vorhandensein eines Netztransformators und damit großes Bauvolumen, wiegt den Vorteil des gegenüber dem Netzgerät mit Längsregler verbesserten Wirkungsgrades nur selten auf. Dies umso mehr, als man sich durch den Schaltregler auch die Nachteile
— höhere Restwelligkeit der Ausgangsspannung,
— schlechtere Regeleigenschaften
einhandelt.
Der Einsatz eines Netzgerätes mit Längsschalter ist wohl nur dann sinnvoll, wenn man durch diesen Einsatz den Einbau eines Lüfters vermeiden kann.

2.7 Funkentstörung

Die Funkstörungen, die ein Netzgerät — ebenso wie jedes andere elektrische Gerät — abgeben darf, sind in der VDE-Bestimmung VDE 0875 [2.6] reglementiert. Bei den Funkstörungen der Netzgeräte müssen wir unterscheiden zwischen
— Funkstörungen, die sich auf den Netzleitungen ausbreiten,
— Funkstörungen, die an die gespeiste Elektronik abgegeben werden,
— Funkstörungen, die sich als elektromagnetische Welle durch die Luft ausbreiten; diese können wegen der zur Ablösung der Wellen von den leitenden Teilen erforderlichen hohen Frequenz (etwa 30 MHz) für Netzgeräte vernachlässigt werden.

2.7.1 Funkstörungen auf den Netzzuleitungen

Funkstörungen von Netzgeräten auf den Netzzuleitungen entstehen, wenn in einer Gleichrichterschaltung an einem mehrphasigen Netz zwei oder mehr Gleichrichterdioden gleichzeitig leitend sind. In Bild 2.35 b ist während der Zeit t kurz vor T_a die Gleichrichteriode D1 leitend; kurz nach T_a wird D2 leitend. Da D1 eine endliche Sperrverzögerung hat, fließt während der Zeit von T_a bis D1 voll sperrt, ein Kurzschlußstrom

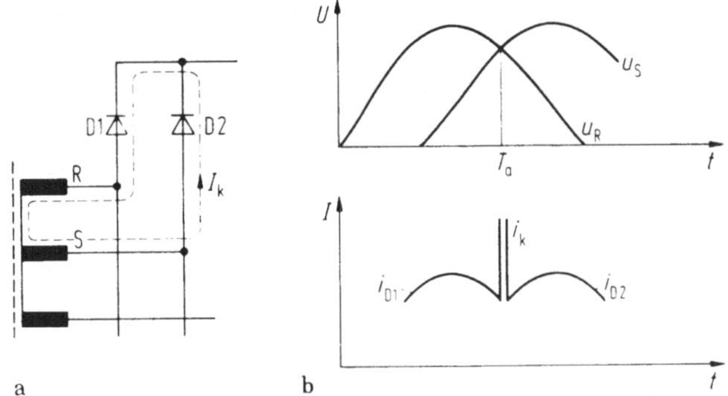

Bild 2.35a u. b. Kurzschlußstrom bei einer mehrphasigen Gleichrichtung

I_k, der nur durch die Phasenspannung und die im Stromkreis liegenden Widerstände und Induktivitäten begrenzt wird. Die Oberwellen dieser Kurzschlußströme reichen bis in den nach VDE 0875 reglementierten Bereich von 150 kHz bis 30 MHz.

Findet die Gleichrichtung nicht direkt am Netz statt, so werden die Störungen mit ihren niederfrequenten Anteilen vom Netztransformator übertragen; die höherfrequenten Anteile gelangen über die Kapazität zwischen Sekundär- und Primärwicklung auf das Netz.

Man sollte diese Kurzschlußströme, wie allgemein alle Störungen, direkt am Entstehungsort bekämpfen. In diesem Falle schaffen verschiedene — von den Diodenherstellern empfohlene — Beschaltungen teilweise Abhilfe. Reichen diese Entstörungsmaßnahmen nicht aus, um den gewünschten Funkstörgrad zu erreichen, so muß man zusätzlich in der Netzzuleitung Filter einsetzen.

Bei Zerhackernetzgeräten sind die beim Schalten der Rohgleichspannung auftretenden Spannungen nur über das Filter der Rohgleichspannung vom Netz entkoppelt. Hinzu kommt erschwerend, daß dieses Filter eigentlich für die Netzfrequenz, nicht aber für eine Grundschwingung von 20 kHz und deren Oberschwingungen, ausgelegt ist.

Abhilfe schafft hier nur ein Netzfilter; eine gewisse Hilfe bringt ein zum Ladekondensator C (in Bild 2.36) parallel geschalteter Kondensator C_p mit entsprechenden Hochfrequenzeigenschaften. Die Verdrahtung dieses Kondensators muß nach Hochfrequenzgesichtspunkten erfolgen [2.6 bis 2.9].

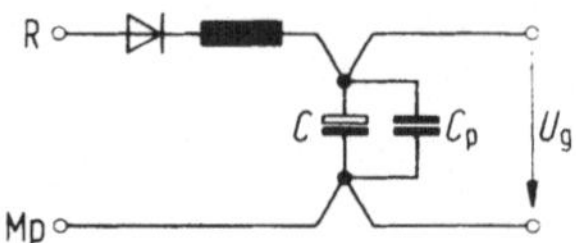

Bild 2.36. Parallelkondensator bei Zerhackernetzgeräten zur Verringerung der Rückwirkungen auf das Netz

2.7.2   Funkstörungen in die gespeiste Elektronik

Hinsichtlich der maximal zulässigen Funkstörungen, die die Netzgeräte neben der Versorgungsspannung an die gespeiste Elektronik liefern, werden nach VDE 0875 keine Anforderungen gestellt, sofern
— Elektronik und Netzgerät in einem Gehäuse untergebracht sind, und
— die Zuleitungen zur gespeisten Elektronik eine gewisse Länge nicht überschreiten.
Der Verbraucher bekommt neben der eigentlichen Hochspannung noch die Schwankungen der Speisespannung durch Restwelligkeit und Regelvorgänge als kurzzeitige sowie zusätzliche Spannungsänderungen durch Temperatureffekte als langzeitige Störungen angeboten. Sind diese Störungsgrößen oberhalb des zulässigen Maßes, kann man auch am Niederspannungsausgang des Netzgerätes Filter als Durchführungsfilter vorsehen. Diese Filter müssen dann im Zusammenhang mit Kapazitäten zur Pufferung der Speisespannung (siehe Abschnitt 4.4.3) gesehen und eingesetzt werden.

2.7.3   Messung des Funkstörgrades und seine Grenzwerte

Die Messung des Funkstörgrades erfolgt nach VDE 0877: Leitsätze für das Messen von Funkstörungen. Dabei wird an einer genormten Netznachbildung mit einem selektiven Empfänger die Funkstörspannung als Funktion der Frequenz ermittelt. Dies geschieht im Frequenzbereich von 150 kHz bis 30 MHz.
Die verschiedenen Störspannungen werden nach Bild 2.37 in die verschiedenen Kategorien G, N und K unterteilt. Läßt man mehrere störende Geräte in einer Anlage zusammenarbeiten, so hat es sich bewährt, für jedes einzelne Gerät den Funkstörgrad N — 12 dB zu wählen. Die meisten Elektroniken vertragen den Störgrad N; für die Addition der verschiedenen Störungen ist die Verringerung um 12 dB als „Reserve" vorgesehen.

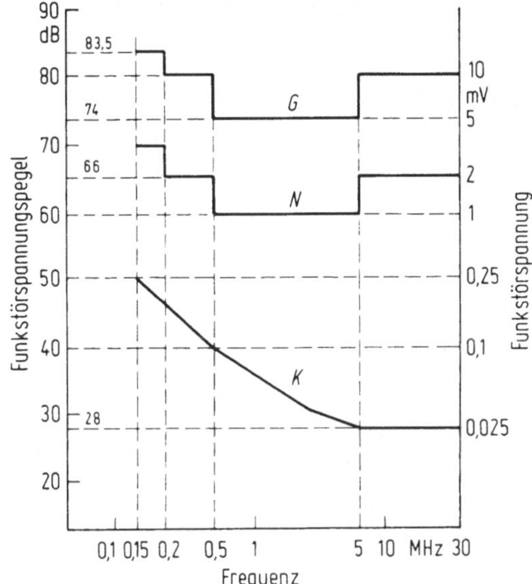

Bild 2.37. Funkstörspannung als Funktion der Frequenz

2.7.4 Funkentstörfilter

Die Entwicklung und der Bau von Funkentstörfiltern ist eine Wissenschaft für sich, die man tunlichst Spezialisten überläßt. Deswegen hier nur einige allgemeine Bemerkungen über Störungen und wie man sie verringert, sowie einige Anmerkungen zum Einsatz von Filtern

1. Die Entstörung sollte man so dicht wie möglich am Entstehungsort der Störung vornehmen. Für Netzgeräte heißt das:

(a) Gleichrichterdioden mit Kurzschlußströmen so beschalten, daß die Ströme begrenzt werden.

(b) Die Rohgleichspannung bei Zerhackernetzgeräten mit einem Kondensator so stützen, daß auch in kurzen Zeiten (Größenordnung 0,1 bis 1 µs) schon Ströme entnommen werden können.

2. Störungen unterscheidet man wie folgt:

(a) Gleichtaktstörungen; wenn z. B. der positive und der negative Ausgang eines Netzgerätes gemeinsam eine Störspannung gegen das Gehäuse haben.

(b) Gegentaktstörungen sind solche, bei denen z. B. die Phase R eine Störspannung gegen den Schutzleiter aufweist.

3. Entstören heißt: Den störenden Strom auf dem schnellsten Wege dorthin zurückfließen lassen, wo er hergekommen ist!
Dazu dienen im einzelnen

(a) Entstörkondensatoren (X- und Y-Kondensatoren). Y-Kondensatoren werden gegen Gleichtaktstörungen zwischen den Phasen angebracht; X-Kondensatoren dienen zur Ableitung der Störströme zum Schutzleiter.

(b) Entstörfilter sind als ein- oder mehrstufige LC-Breitbandfilter mit den verschiedensten Einfügungsdämpfungen erhältlich. Sie sind fast immer in einem leitfähigen Gehäuse untergebracht.
Dieses Gehäuse muß gut leitend mit dem Gehäuse des zu entstörenden Gerätes verbunden sein. Wie überhaupt ein Gehäuse aus leitfähigen Material in seinen Einzelteilen gut leitend verbunden werden sollte (Lackschichten entfernen!)

4. Der Ableitstrom aus allen Entstörmaßnahmen, der zum Schutzleiter des Gerätes hinfließt, darf

(a) 0,75 mA bei Geräten mit ortsveränderlichem Anschluß (Steckdose),

(b) 3,5 mA bei fest angeschlossenen Geräten
nicht überschreiten.

Insbesondere diese beiden letzten Werte sind so knapp bemessen, daß sie die Bedingungen einer gemeinsamen Entstörung mehrerer Geräte praktisch unmöglich machen. Dies unterstützt nochmals die Forderung, Störungen so dicht wie möglich am Entstehungsort zu beseitigen.

Literatur

2.1   Steinbuch, K.: Taschenbuch der Nachrichtenverarbeitung. Berlin, Göttingen, Heidelberg: Springer 1962

2.2   Meyer-Brötz, G.: Die Stabilisierung von Gleichspannungen mit geschalteten Transistoren. Elektr. Rdsch. 12 (1958)

2.3   Texas Instruments: Applications Report TL 497

2.4   Stiefken, H.: Stromversorgung für die Elektronik. Elektronik Industrie 5 (1973)

2.5   Wood, P. N.: Die Entwicklung eines 5 V/1000 W Stromversorgungsteils. Applikationsbericht der TRW Semiconductor

2.6   VDE 0875: Bestimmungen für die Funkentstörung von Geräten, Maschinen und Anlagen für Nennfrequenzen von 0 bis 10 kHz

2.7   Kübel, V.: Der Ableitstrom in der Funkentstörtechnik. Siemens Bauteile Inf. 8 (1972)

2.8   Stoll (Hrsg.): EMC. Berlin: Elitera Verlag 1976

2.9   Schulz, H.-W.: Funkentstörung mit stromkompensierten Drosseln. Siemens Bauteile Inf. 10 (1972)

3 Schaltungstechnik der Steuerung und Regelung von Netzgeräten

3.1 Schaltungstechnik der Regelung von Netzgeräten mit Längsregler

Wird die Energie zur Speisung von Netzgeräten mit Längsregler dem Netz entnommen, wird man alle Einrichtungen zur Regelung auf der Niederspannungsseite anordnen. Bei Geräten der Schutzklasse I verwendet man einen Transformator mit Schutzwicklung; diese dient gleichzeitig zur Hochspannungstrennung. Diese Trennung von Hoch- und Niederspannungsseite erfolgt bei Geräten der Schutzklasse II durch eine verstärkt ausgeführte Isolation, die Schutzisolation.
Der prinzipielle Aufbau des Regelkreises eines Netzgerätes mit Längsregler besteht aus den einzelnen Funktionen bzw. Baugruppen:
— Messung der Ausgangsspannung, d. h. des Istwertes,
— Vergleich des Istwertes mit einem Sollwert,
— Ableitung eines Steuersignales für das Stellglied aus der Differenz von Soll- und Istwert,
— Stellglied, bestehend aus einem oder mehreren Transistoren, die als Emitterfolger geschaltet sind.
Eine solche Prinzipschaltung ist in Bild 3.1 dargestellt. Da im Handel integrierte Schaltkreise (IC's) erhältlich sind, die die oben angeführten Elemente bereits enthalten, sollen die Eigenschaften eines repräsentativen Schaltkreises beschrieben werden. Damit ist aber nicht gesagt, daß Lösungen, die mit diskreten Bauelementen aufgebaut sind, schlechter oder unwirtschaftlich sind. Doch erscheint es bei dem heutigen hohen

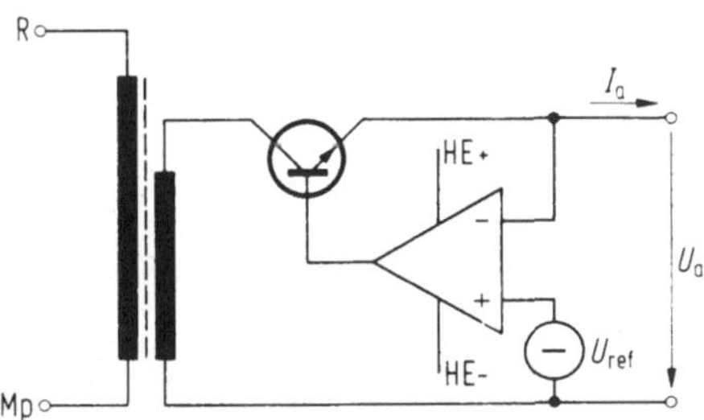

Bild 3.1. Prinzipielle Darstellung des Regelkreises eines Längsreglers

Standard der Technologie integrierter Schaltungen nicht vernünftig, auf die Innenschaltung solcher Schaltkreise einzugehen. Dies deshalb, weil der Aufbau nach ganz anderen Gesichtspunkten erfolgt, als der Aufbau von Schaltungen aus diskreten Bauelementen.

Der hier in seiner Funktion beschriebene Spannungsregler LM 723 [3.1] ist durch folgende Eigenschaften gekennzeichnet:

1. Ausgangsspannungen von 2 bis 37 V durch externe Beschaltung einstellbar.
2. Ausgangsstrom ≤ 150 mA.
3. Differenz zwischen Ein- und Ausgangsspannung ≤ 3 V.
4. Äußerlich zugängliche Referenzspannung $6{,}95 \leq U_{ref} \leq 7{,}35$ V.
5. Temperaturdrift der Ausgangsspannung $\leq 0{,}015\,\%/K$.
6. Änderung der Ausgangsspannung bei einer Änderung des Ausgangsstromes von 0 auf $100\% \leq 0{,}2\%$ statisch; die dynamische Änderung der Ausgangsspannung zeigt Bild 3.3.
7. Der Spannungsregler kann sowohl als Längsregler als auch in Netzgeräten mit Längsschalter eingesetzt werden.

Bild 3.2 zeigt ein Blockschaltbild des Spannungsreglers LM 723, in welchem wir die Elemente aus Bild 3.1 wiedererkennen:

— Die Erzeugung einer Referenzspannung.
— Den Verstärker mit den Eingängen INV und NINV.
— Einen Ausgangstransistor, dessen Basisstrom vom Verstärker geliefert wird.

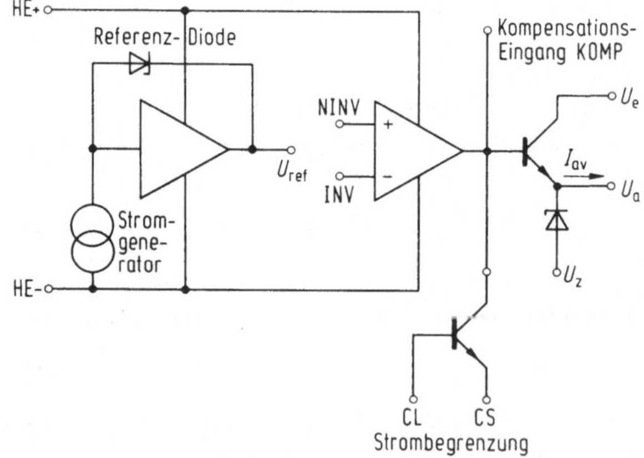

Bild 3.2. Blockschaltbild des integrierten Verstärkers LM 723

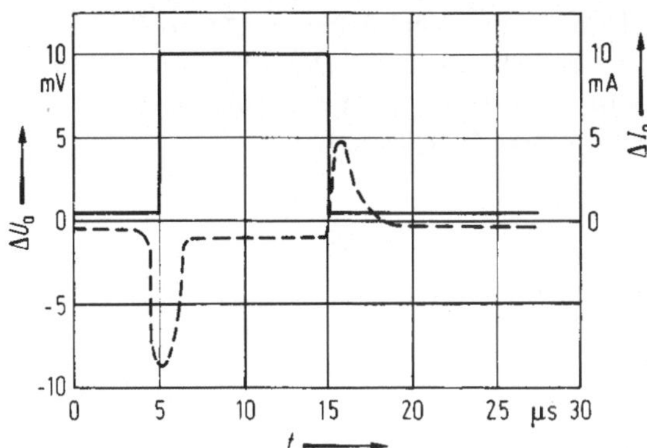

Bild 3.3. Antwort der Ausgangsspannung des LM 723 auf eine Änderung des Laststromes

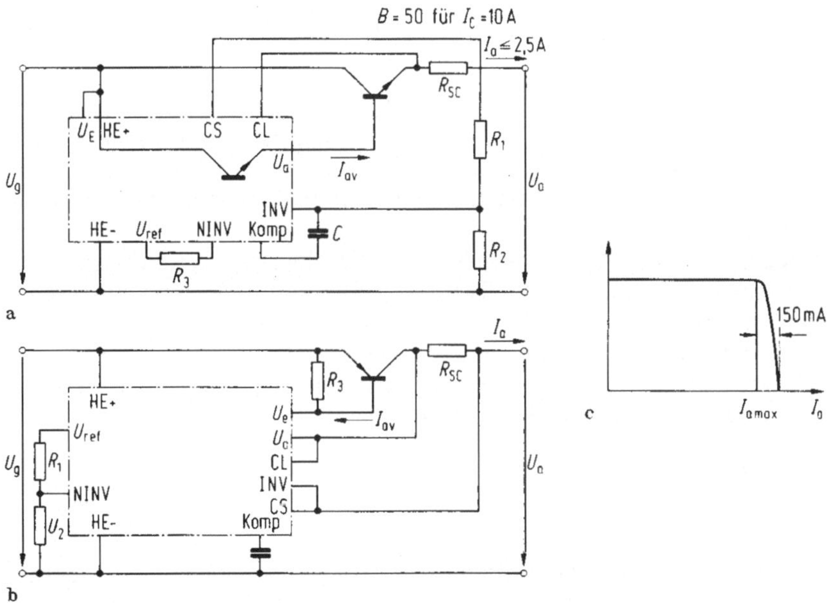

Bild 3.4a—c. Schaltung eines Reglers mit Erhöhung des Ausgangsstromes durch einen npn-Transistor für $7 < U_a < 37$ V und einen pnp-Transistor für $2 < U_a < 7$ V

Ist der Ausgangsstrom $I_a \leq 150$ mA des Verstärkers nicht groß genug, schaltet man einen weiteren Leistungstransistor als Stellglied ein. Dessen Basisstrom wird jetzt aus dem Verstärker geliefert. Bild 3.4a und b zeigt zwei Schaltungen, die jetzt einen Ausgangsstrom

$$I_a = I_{av}B \tag{3.1}$$

ermöglichen. B ist die minimale Stromverstärkung des nachgeschalteten Leistungstransistors.

Die Ausgangsspannung bestimmt sich aus den Widerständen R_1 bis R_3 und der eingebauten Referenzspannungsquelle zu

$$U_a = U_{ref} \frac{R_1 + R_2}{R_3} \quad \text{für } 7\,\text{V} < U_a < 37\,\text{V} \tag{3.2}$$

und zu

$$U_a = U_{ref} \frac{R_3}{R_1 + R_2} \quad \text{für } 2\,\text{V} < U_a < 7\,\text{V} \; . \tag{3.3}$$

Der Grund für diese unterschiedlichen Schaltungen liegt im Betrag der Referenzspannung von $U_{ref} \approx 7\,\text{V}$; einmal wird der Istwert geteilt und mit der Referenzspannung verglichen und für $U_a < 7\,\text{V}$ wird die Referenzspannung geteilt und die Teilspannung mit dem Istwert verglichen.

Die Begrenzung des Ausgangsstromes erfolgt über den Spannungsabfall am Widerstand R_{SC}. Die Basis-Emitter-Spannung des Strombegrenzungs-Transistors in Bild 3.2 wird mit diesem Spannungsabfall verglichen. Sobald der Strombegrenzungs-Transistor leitend wird, fließt sein Emitterstrom in die Last und der eigentliche Leistungstransistor geht leer aus. Der Ausgangsstrom wird auf den Wert

$$I_{a\,max} = \frac{U_{CL} - U_{CS}}{R_{SC}} \tag{3.4}$$

begrenzt. Die Emitter-Basis-Spannung $(U_{CL} - U_{CS})$ ist leider temperaturabhängig und in ihrer absoluten Größe mit Exemplarstreuungen behaftet; will man $I_{a\,max}$ genau einhalten, muß man R_{SC} abgleichen.
Will man die $U_a = f(I_a)$-Kennlinie nach Bild 3.4c aus thermischen

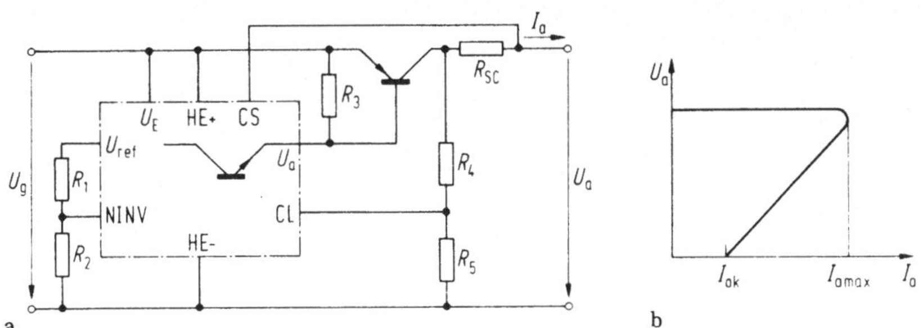

Bild 3.5a u. b. Beschaltung des Spannungsreglers LM 723 zur Erzeugung einer Fold-back-Kennlinie

Gründen vermeiden, so wählt man die Schaltung nach Bild 3.5, die eine „Foldback-Charakteristik" hat. Wird der maximale Ausgangsstrom $I_{a\,max}$ erreicht, wird der Strombegrenzungstransistor leitend und bleibt dann so lange über R_4 und R_5 leitend, wie der Spannungsabfall an R_{SC} ausreicht. Es gilt für den Knickpunkt

$$I_{a\,max} = \frac{U_a R_4}{R_{SC} R_5} + \frac{(U_{CL} - U_{CS})\,(R_4 + R_5)}{R_{SC} R_5} \qquad (3.5)$$

und für den maximalen Kurzschlußstrom

$$I_{ak} = \frac{U_{CL} - U_{SE}}{R_{SC}}\,\frac{R_4 + R_5}{R_5}, \qquad (3.6)$$

Der „zurückgefaltete" Teil der U_a-I_a-Kennlinie ist ein stabiler Betriebszustand des Netzgerätes. Dies muß beachtet werden, wenn zwei Netzgeräte, wie in Bild 3.6a gezeigt, zusammengeschaltet und belastet werden. Es kann dann sein, daß ein Netzgerät durch Änderung der Belastung im Arbeitspunkt A (Bild 3.6b) „hängen bleibt", weil es den Strom I_3 zusätzlich übernimmt, während das andere Netzgerät normal arbeitet.

Zur Kompensation des Frequenzganges von Stellglied und Regelverstärker ist beim Spannungsregler LM 723 der Ausgang des eigent-

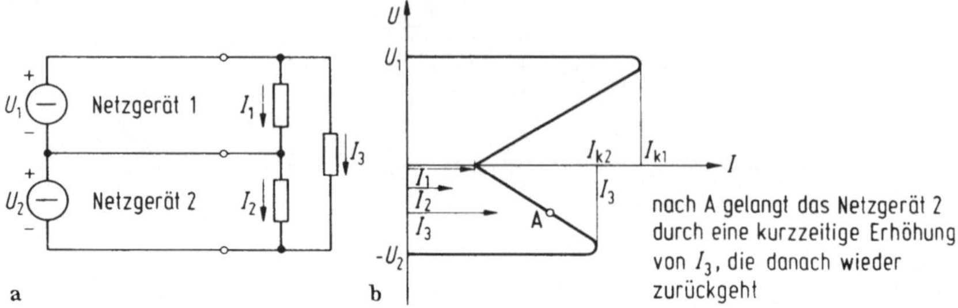

Bild 3.6a u. b. Zusammenschaltung und Belastung von Netzgeräten mit Fold-back-Kennlinien

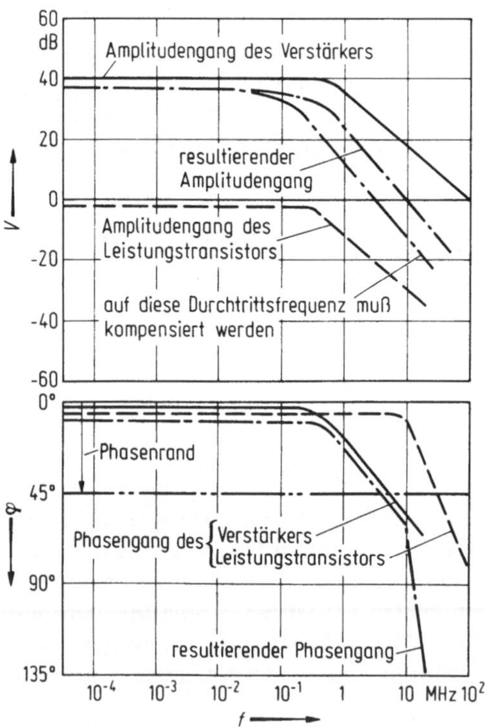

Bild 3.7. Kompensation des Regelkreises

lichen — integrierten — Regelverstärkers herausgeführt. Der eigentliche Verstärker hat auf Grund seiner technologischen Ausführung eine wesentlich höhere Durchtrittsfrequenz als evtl. nachgeschaltete Leistungstransistoren. Diese Leistungstransistoren haben schon bei einer niedrigen Frequenz eine Phasendrehung. Dadurch wird die Stabilitätsbedingung des Regelkreises

„Bei der Durchtrittsfrequenz muß der Phasenrand mindestens noch 45° betragen"

durchbrochen (siehe Bild 3.7) und das Netzgerät schwingt. Mit Hilfe einer Kompensations-Kapazität wird die Verstärkung bei höheren Frequenzen so weit reduziert, daß sich bei der neuen Durchtrittsfrequenz von Verstärker und Leistungstransistor zusammen ein genügender Phasenrand ergibt. Die Kompensationskapazität kann man entweder vom Ausgang zum nichtinvertierenden Eingang oder vom Ausgang zur negativen Hilfsspannung HE- (Bilder 3.4a, b und 3.8) schalten.

Bei Verwendung des LM 723 in einem Netzgerät mit Längsschalter, in dem die Ausgangsspannung durch Steuerung der Impulsbreite konstant gehalten wird, muß der Regelverstärker einen Schalttransistor leitend machen, wenn die Ausgangsspannung einen unteren Grenzwert erreicht hat und diesen Schalttransistor wieder sperren, wenn der obere Grenzwert der Ausgangsspannung erreicht wird.

Dies erreicht man, indem man dem Vergleichsverstärker das Verhalten eines Schmitt-Triggers gibt, also eine positive Rückkopplung von der Ausgangsspannung zum nicht invertierenden Eingang NINV einführt.

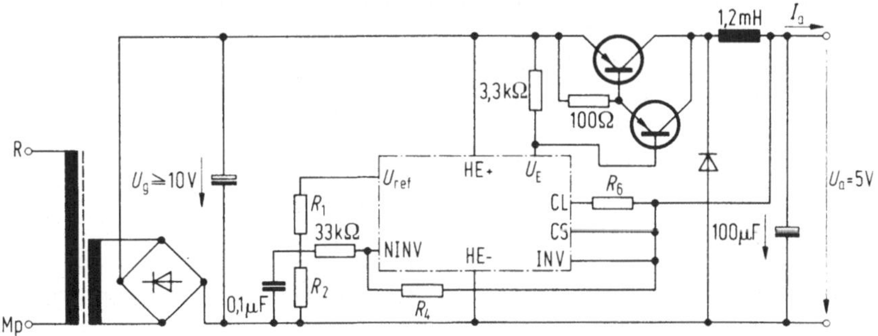

Bild 3.8. Schaltung eines Netzgerätes mit Längsschalter unter Verwendung des Spannungsreglers LM 723

Bei der Schaltung nach Bild 3.8 gilt

$$U_a = \frac{R_2}{R_1 + R_2}\, U_{ref}\,, \tag{3.7}$$

$$\Delta U_a \approx \frac{R_3}{R_4}\,. \tag{3.8}$$

Die Schaltung hat den großen Nachteil, daß die Schaltfrequenz von der Belastung der Ausgangsspannung abhängt, weil auf einen Einschaltvorgang ein „Entladevorgang" des Filters folgt. Dieser wird bei Leerlauf am Ausgang theoretisch unendlich lang andauern. Wenn keine ständige Last am Netzgerät liegt, muß man also eine Vorlast verwenden. Diese Vorlast verschlechtert den Wirkungsgrad des Netzgerätes beträchtlich.

Die Dimensionierung des LC-Filters und der Rohgleichspannung wurde in Abschnitt 2.6 ausführlich behandelt.

3.2   Die Regelung von Zerhackernetzgeräten

Allen Zerhackernetzgeräten gemeinsam ist die Steuerung der Ausgangsspannung über die Breite eines an ein Filter angelegten Spannungsimpulses. Die Wiederholfrequenz dieser Impulsfolge liegt in der Mehrzahl aller Fälle wegen der Geräuschentwicklung oberhalb der Hörschwelle von etwa 18 kHz. Die Regelung von Zerhackernetzgeräten weist folgende, immer vorhandenen Schaltungselemente auf:

1.   Einen Oszillolator zur Erzeugung eines Muttertaktes.
2.   Eine Stufe zur Erzeugung von Impulsfolgen variabler Impulsbreite.
3.   Einen Soll-Ist-Vergleich, der die Impulsbreite steuert.
4.   Eine Stufe, welche die Impulsbreite auf einen maximal zulässigen Wert begrenzt, sowie bei Gegentakt- und Brückenschaltungen für gleiche Impulsbreiten und eine Zwangslücke sorgt.
5.   Bei Geräten, die direkt am Netz betrieben werden, eine Trennstufe, welche entweder
—   die auf der Niederspannungsseite erzeugten Steuerimpulse für die Hochspannungstransistoren auf die Netzseite überträgt,

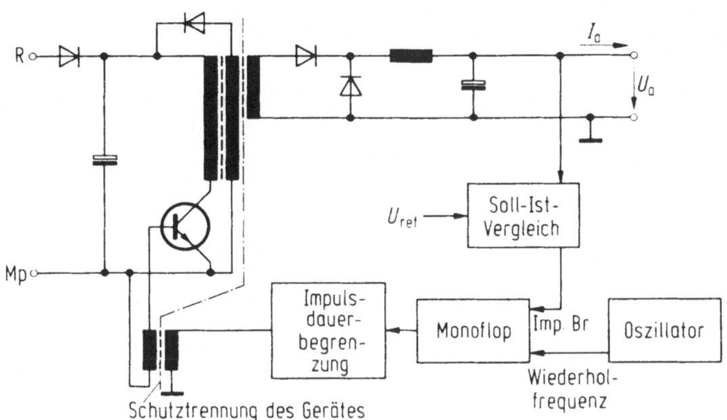

Bild 3.9. Prinzipschaltung der Regelung eines Zerhackernetzgerätes, hier am Beispiel eines Eintakt-Durchflußwandlers

— oder den Istwert von der Niederspannungsseite auf die Hochspannungsseite überträgt, wenn dort die Regelung angeordnet ist,

— oder die Differenz des Soll-Ist-Vergleiches auf die Netzseite überträgt, wenn dort die Regelung angeordnet ist.

Zur Realisierung einer solchen Trennstufe sind gebräuchlich:

(a) Impulstransformatoren zur Übertragung von Ansteuerimpulsen für den oder die Schalttransistoren,

(b) Optokoppler für die Übertragung analoger oder digitaler Signale.

Die Zusammenschaltung dieser Komponenten zum Regler eines Eintakt-Durchflußwandlers zeigt Bild 3.9.

Wie für Netzgeräte mit Längsregler gibt es auch für den Aufbau von Zerhackernetzgeräten integrierte Schaltkreise, die sämtliche oder mehrere Elemente der Regel- und Aussteuerschaltung enthalten. Hier soll der Schaltkreis SG 1524 [3.3] beschrieben werden, der die folgenden Elemente enthält: Oszillator, Impulsbreitensteuerung, Zwangslückenerzeugung, Referenzspannung, Ansteuertransistoren für eine wahlweise Verwendung in Eintakt-, Gegentakt- oder Brückenschaltung.

Ein Blockschaltbild dieses Schaltkreises zeigt Bild 3.10. Die einzelnen Elemente haben folgende wesentlichen Eigenschaften: Referenzspannung $U_{ref} \approx 5$ V, mit einer Langzeitstabilität von typisch $\Delta U_{ref}/\Delta t \approx 20$ mV/100 h, Temperaturgang der Referenzspannung ± 50 mV im in Frage kommenden Temperaturbereich und einen Oszillator, dessen

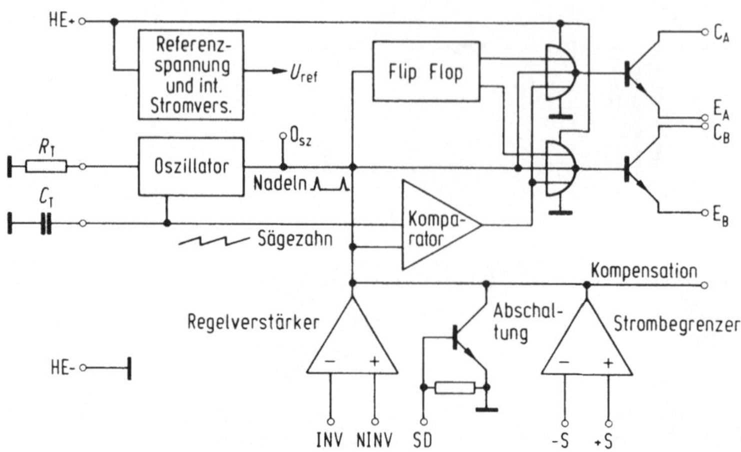

Bild 3.10. Blockschaltbild des integrierten Steuer- und Regelschaltkreises SG 1524

Frequenz durch die extern anzuschließenden Elemente C_T und R_T bestimmt wird zu

$$f = \frac{1}{T} \approx \frac{1}{R_T C_T} \qquad (3.9)$$

mit $1,8\ \text{k}\Omega \leqq R_T \leqq 100\ \text{k}\Omega$ und $1\ \text{nF} \leqq C_T \leqq 0,1\ \mu\text{F}$.
Die Nadelimpulse des Oszillators dienen zur Umschaltung des Flipflops und über die NOR-Schaltungen zur Erzeugung der Zwangslücke beim Umschalten der Schalttransistoren. Ist der natürliche Impuls am Ausgang OSZ mit $0,5\ \mu\text{s}$ zu kurz, kann er durch einen Kondensator gegen die positive Versorgungsspannung HE+ verlängert werden. Der Regelverstärker ist ein Operationsverstärker mit der Leerlaufverstärkung $A_0 \leqq 10^4$. Ein Widerstand R_L vom Kompensationsausgang nach HE— verringert die Verstärkung auf den Wert

$$A \approx \frac{R_L}{500}, \qquad (3.10)$$

wobei R_L in $\text{M}\Omega$ einzusetzen ist. Die Durchtrittsfrequenz ist etwa 500 Hz und der Verstärkungsabfall ungefähr 20 dB/Dekade.

Im Bedarfsfall kann die Verstärkung und die Durchtrittsfrequenz des
Regelverstärkers durch eine Beschaltung zwischen dem Ausgang „Kompensation" und dem Eingang INV verändert werden.
Die Strom-Spannungs-Kennlinie eines Zerhackernetzgerätes mit dem
Schaltkreis SG 1524 wird über einen getrennten Strombegrenzer-Verstärker eingestellt. Dieser Verstärker greift direkt am Eingang des Kompensators ein und ermöglicht eine Kennlinie mit Strombegrenzung
(Bild 3.11 b mit der Schaltung nach Bild 3.11 a). Als Vergleichswert
wird die Emitter-Basis-Strecke von T11 benutzt. Wird der Spannungsabfall an R_{SC} so groß, daß in die Basis von T10 ein Strom hineinfließt, wird der Ausgang des Regelverstärkers nach Null Volt hingezogen. Der Spannungsabfall an R_{SC} muß daher etwa 200 mV sein.
Eine Fold-back-Charakteristik erzeugt man durch die Schaltung nach
Bild 3.11 c. Hier wird der invertierende Eingang des Strombegrenzungstransistors mit einem Teil der Ausgangsspannung beaufschlagt.
Es sei hier darauf hingewiesen, daß bei einem Zerhackernetzgerät die
Impulsbreite bei Überlastung auf einen geringen Wert zurückgenommen
wird. Dabei nimmt die Verlustleistung im Gegensatz zum Längsregler
nicht zu! Eine Foldback-Charakteristik ist also aus Gründen der thermischen Überlastung des Netzgerätes überflüssig. Bei dem hier beschriebenen Schaltkreis ist aber die Strombegrenzung nicht sehr exakt,

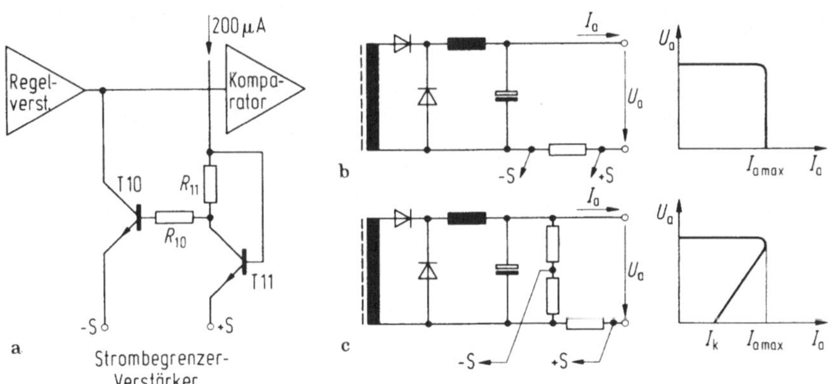

Bild 3.11 a—c. Erzeugung einer Kennlinie.
(a) Strombegrenzer-Verstärker, **(b)** mit Strombegrenzung, **(c)** mit Fold-back-Charakteristik
mit dem Schaltkreis SG 1524

so daß unter gewissen Umständen die Foldback-Charakteristik doch angewendet werden soll. Es ist

$$I_{a\,max} = \frac{1}{R_{SC}} \left(2000\ \text{mA} + \frac{U_a R_2}{R_1 + R_2} \right), \tag{3.11}$$

$$I_K = \frac{200\ \text{mV}}{R_{SC}}. \tag{3.12}$$

Weiterhin ermöglicht eine Beschaltung des Regelverstärkers ein weiches Hochlaufen der Ausgangsspannung beim Einschalten, wenn man den Regelverstärker mit einer Spitzengleichrichtung zusätzlich belastet. Die Schaltung in Bild 3.12 beeinflußt aber den Frequenzgang des Regelverstärkers.

Die Ansteuerung des oder der Leistungstransistoren des Leistungsteils muß bei Verwendung des Schaltkreises SG 1524 über Transformatoren erfolgen. Zur Ansteuerung dieser Transformatoren sind im Schaltkreis selbst zwei Ausgangstransistoren vorgesehen. Diese ermöglichen die Ansteuerung von

— Eintakt-Durchflußwandlern,
— Zerhackernetzgeräten mit gesteuerter Vollbrücke,
— Gegentakt-Zerhackernetzgeräten

nach den für die verschiedenen Schaltungen in Abschnitt 1.2.3 angegebenen Regeln.

Zerhackernetzgeräte, deren Regelung auf der Netzseite angeordnet ist

Hier soll eine Regelschaltung beschrieben werden, bei der die Regelung insgesamt auf der Netzseite liegt und bei der die Abweichung vom Soll-

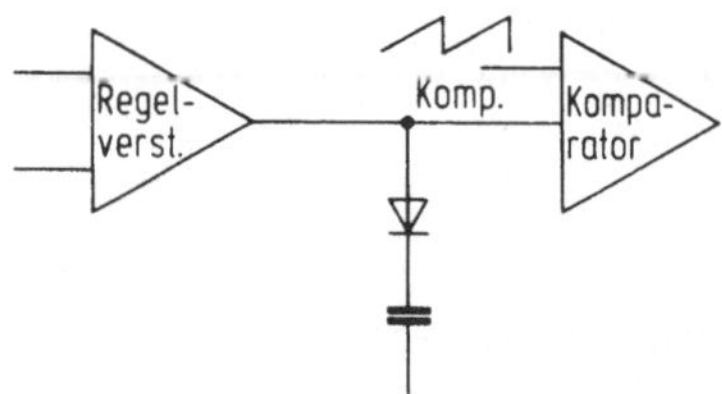

Bild 3.12. Weiches Hochlaufen des Zerhackers beim Einschalten

wert der Ausgangsspannung zur Potentialtrennung über einen Optokoppler übertragen wird. Die Schaltung weist folgende Merkmale auf:
Der Soll-Ist-Vergleich wird bei der Schaltung nach Bild 3.13 mit einem integrierten Spannungsregler durchgeführt. Die Regelabweichung von V1 speist den Sender eines Optokopplers D7. Dessen auf der Netzseite liegender Empfänger T3 steuert die Impulsdauer eines Monoflops, das wiederum von einem astabilen Multivibrator getriggert wird. Der Strom des Schalttransistors T1 wird über den Widerstand R_1 gemessen. Mit dieser Spannung wird in einem weiteren integrierten Spannungsregler ein erneuter Soll-Ist-Vergleich durchgeführt. Das Ergebnis dieses Vergleiches führt bei Überschreitung einer Schwelle des Kollektorstromes von T1 zu einer Verkürzung der Impulsbreite (Einspeisung der Spannung über D8) und dient zur Strombegrenzung. Diese Strombegrenzung wirkt unmittelbar und sofort auf den Schalttransistor.
Die Speisung des Spannungsreglers V2 erfolgt aus der Ausgangsspannung vor dem Filter. Diese wird über C_1 ausgekoppelt, und C_2 wird über D4 auf den Spitzenwert der Ausgangs-Rechteckspannung aufgeladen.

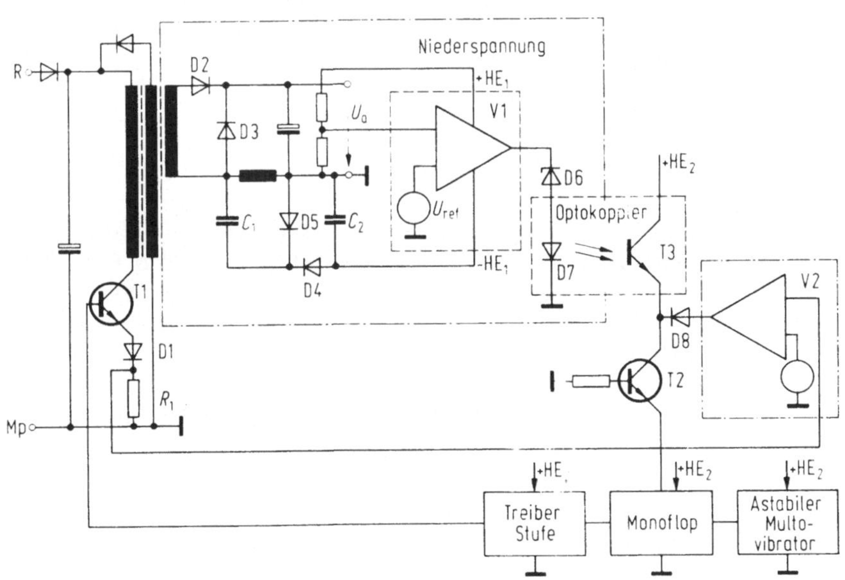

Bild 3.13. Blockschaltbild eines Eintakt-Durchflußwandlers, dessen Regelung auf der Netzseite liegt

Der Einfluß des Filters auf die Regelung von Zerhackernetzgeräten

Alle Zerhackernetzgeräte sind zumindest in ihrem Stellglied unstetig. Das Stellglied hat eine Totzeit, die regelungstechnisch einem differenzierenden Anteil gleichzusetzen ist. Dieser nicht konstante, differenzierende Anteil der Regelverstärkung wird durch die integrierende Wirkung des Filters wenigstens zum Teil kompensiert. Die Regelung von Schaltreglern ist offenbar ein Kompromiß zwischen verschiedenen Eigenschaften der Regelung, der Restwelligkeit der Ausgangsspannung und der Reaktion des Reglers auf eine sprungförmige Änderung des Laststromes und haben drei gemeinsame Einflußgrößen:

1. Die Totzeit, welche durch die Periodendauer der Zerhackerfrequenz entsteht. Diese Totzeit ist bei einer Zerhackerfrequenz von 20 kHz eine Periode (sowohl beim Eintakt-Durchflußwandler als auch bei Brückenschaltungen).
2. Den Frequenzgang des Regelverstärkers.
3. Den Frequenzgang des Ausgangsfilters.

Der gesamte Frequenzgang von Regelverstärker und Filter muß so ausgelegt werden, daß bei der Durchtrittsfrequenz des Filters noch ein Phasenrand von $>45°$ verbleibt. Mit der Steigung des Filters von 40 dB/Dekade und der Eckfrequenz des Filters

$$\omega_0^2 = \frac{1}{LC} > 4\pi^2 f_{\text{Netz}}^2 \qquad (3.13)$$

liegt die Leerlaufverstärkung des Regelverstärkers fest und damit auch die Energiespeicher des Filters — das Produkt aus L und C muß man jetzt noch auf Induktivität und Kapazität aufteilen. Das Verteilungkriterium ist eine schlagartige Verringerung des Ausgangsstromes. Die zulässige Überhöhung der Ausgangsspannung, hervorgerufen durch die in der Drossel gespeicherte Energie, bestimmt die Größe der Drossel.

Zwischen folgenden Einflußgrößen muß ein Kompromiß gefunden werden:

Großes L im Filter: Starke dynamische Regelabweichung und schnelle Ausregelung

Großes C im Filter: Geringe Restwelligkeit, geringe dynamische Regelabweichung und langsame Ausregelung

Wir haben schon bei den Filtern für gesiebte Netzspannungen gesehen, daß der Kennwiderstand $\sqrt{L/C}$ ungefähr gleich dem Lastwiderstand

R_L sein sollte, um einen asymptotischen gedämpften Übergang der Ausgangsspannung von einem zum anderen Lastzustand zu bekommen. Dieser Einfluß muß für schnelle Regelungen unbedingt berücksichtigt werden.

3.3 Stromversorgung der Hilfseinrichtungen

Bei der Stromversorgung der Hilfseinrichtungen muß man unterscheiden zwischen den Hilfseinrichtungen für Netzgeräte mit Längsregler und für Zerhackernetzgeräte.

Bei *Netzgeräten mit Längsreglern*, die aus dem Netz gespeist werden, wird man ganz einfach weitere Wicklungen auf dem Netztransformator anbringen. Die Hilfsspannung(en) wird (oder werden) gleichgerichtet und gesiebt. Bei Bedarf kann eine Stabilisierung der Hilfsspannung(en) vorgesehen werden.

Galvanisch getrennte Spannungen werden auf der Niederspannungsseite gebraucht und werden daher auch mit der Niederspannungsseite galvanisch verbunden.

Bei *Zerhackernetzgeräten* müssen wir unterscheiden, auf welcher Seite der Schutztrennung die Regelung angeordnet ist. Bei einer auf der Niederspannungsseite angeordneten Regelung bleibt nur ein kleiner Netztransformator zur Erzeugung der Hilfsspannungen, weil eine Hilfswicklung auf dem Haupttransformator beim Einschalten des Gerätes eine funktionierende Steuerung voraussetzt. Diese kann aber nur einwandfrei funktionieren, wenn die Speisespannungen für die Hilfseinrichtungen vorhanden sind. Auch bei einem Hilfstransformator muß dafür gesorgt werden, daß im Zerhackerteil vom Zeitpunkt des Einschaltens an sämtliche Transistoren solange gesperrt sind, bis die Regelung voll funktionsfähig ist.

Liegt die Regelung auf der Netzseite der Schutztrennung, so kann man ebenfalls einen kleinen Netztransformator zur Erzeugung der Hilfsspannungen heranziehen. Eleganter, und vom Bauelementepreis und vom Volumen her gesehen auch günstiger, ist die Lösung nach Bild 3.14.

Nach dem Einschalten des Zerhackernetzgerätes (hier als Beispiel ein Eintakt-Durchflußwandler) baut sich die Rohgleichspannung langsam auf. Der als Emitterfolger geschaltete Hochspannungstransistor T4 gibt die Hilfsspannung HE ab. Diese wird durch die Zenerdiode D9 auf etwa

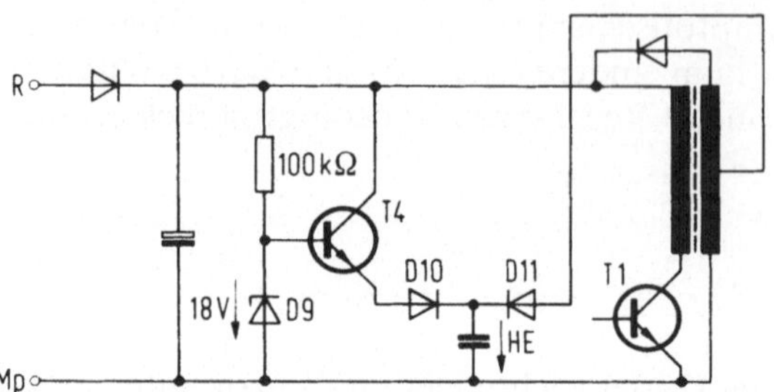

Bild 3.14. Erzeugung einer Hilfsspannung für eine auf der Netzseite der Schutztrennung angebrachte Regelung am Beispiel eines Eintakt-Durchflußwandlers

15 V stabilisiert. Bis zu dem dafür notwendigen Wert der Rohgleichspannung ist die Steuerung gesperrt. Der Wert der Rohgleichspannung muß dann noch genügend klein sein, daß der noch nicht angesteuerte Zerhackerteil keinen unzulässigen Betriebszustand einnimmt. Ist die Hilfsspannung HE aufgebaut, laufen die Regeleinrichtungen an, der Zerhacker arbeitet — wenn auch noch mit verringerter Spannung — und die Spannung HE wird über die Entkopplungsdiode D11 aus einer Anzapfung der Ausgleichswicklung geliefert.
Beim Abschalten des Netzgerätes läuft der gleiche Vorgang in umgekehrter Reihenfolge ab.

Literatur

3.1   National Semiconductor: Linear Integrated Circuits. Ausgabe 1976
3.2   Mammano, B.: Simplifying Converter Design With a New Integrated Regulating Pulse Width Modulator (Firmenschrift Texas Instruments). Dallas 1977

4 Kriterien für die Auswahl von Netzgeräten

4.1 Anforderungen der Schaltkreise und Zuleitungen

Durch das Studium der vorangegangenen Kapitel ist der Leser in der Lage, die Eigenschaften eines Netzgerätes abschätzen zu können. Es muß diesen aber noch eine Liste der Anforderungen, die verschiedene Schaltkreise und Schaltkreissysteme an ihre Stromversorgung stellen, gegenüber gestellt werden. Es ist leider nicht möglich, auf spezielle Eigenheiten von Schaltkreisen in ganz spezifischen Anwendungsfällen einzugehen, und zwar wegen folgender Entwicklungstendenzen in der Elektronik:

1. Es werden immer weniger aus diskreten Bauelementen aufgebaute Schaltungen verwendet.
2. Bei den digitalen Schaltkreisen werden vorzugsweise die folgenden Schaltkreisfamilien eingesetzt.
(a) TTL-Schaltkreise in normaler und Low-power-Schottky-Ausführung mit einer Speisespannung von $+5$ V.
(b) MOS-Schaltkreise als P-MOS, N-MOS und komplementär mit ebenfalls nur einer Speisespannung.
3. Bei den linearen Schaltkreisen sind die Speisespannungen von ± 15 V „schon beinahe genormt".

Aus diesem Bauelementen werden Anlagen oder Geräte zusammengesetzt, die den in Bild 4.1 gezeigten charakteristischen Aufbau haben. Sie bestehen aus ansteuernden Elementen, die Eingangsinformationen liefern, Signalverarbeitungsteil und Ausgabeteil.

Alle drei Teile sind über Leitungen verknüpft und haben eine oder mehrere Stromversorgungen gemeinsam.

Im signalverarbeitenden Teil können bei einer ziemlich gleichmäßigen Stromaufnahme alle oben zitierten Schaltkreissysteme aus den drei großen Netzgerätegruppen: Ferro-Resonanz-Konstanthalter, Längsregler, Zerhackernetzgeräte gespeist werden.

Dabei sei noch darauf hingewiesen, daß man die von den Herstellern

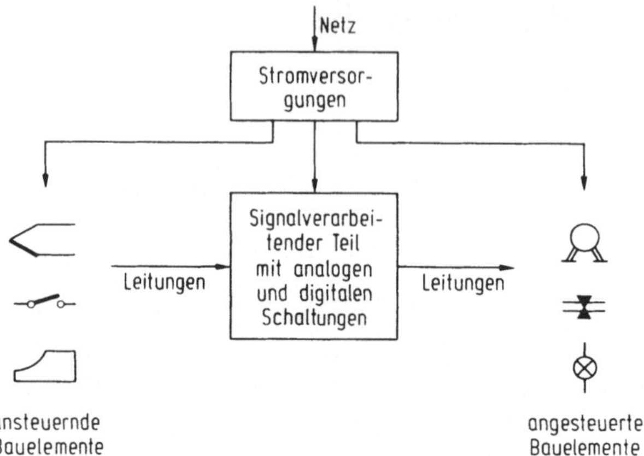

Bild 4.1. Prinzip der Verarbeitung von Signalen in Elektroniken

angegebenen Toleranz der Speisespannung im Interesse einer hohen Funktionssicherheit nicht voll ausnutzen sollte.

Im Eingabeteil kommen noch immer häufig diskret aufgebaute, oder aus mehreren Schaltkreisen bestehende Schaltungen zum Einsatz. Man benutzt hier gerne Signale mit hohen Energieniveau. Dadurch und durch eine Potentialtrennung ist es in der Regel möglich, die Anforderungen an die Stromversorgung niedrig zu halten. Es reichen hier also ungeregelte Spannungen aus; eine Speisung zum Beispiel aus einem Ferro-Resonanz-Konstanthalter ist wenig aufwendig und daher empfehlenswert.

Im Ausgabeteil liegt auch meist ein höheres Energieniveau vor. Hier kommt es häufig zu zeitlich stark unterschiedlichen Belastungen der Stromversorgung. Man muß sich als Anwender hier die Frage nach den Spannungsänderungen durch Belastungsschwankungen sorgfältig stellen, und die Auswahl der Stromversorgung wird von diesem Gesichtspunkt her bestimmt.

Werden zwei oder mehrere Teile der Prinzipanlage nach Bild 4.1 von einem gemeinsamen Stromversorgungsgerät gespeist, muß die Rückwirkung von Belastungsänderungen eines Anlageteils auf einen anderen Anlagenteil bei der Auswahl des Netzgerätes berücksichtigt werden.

In allen Fällen ist es aus Gründen der internen und externen Störsicherheit vorteilhaft, zwischen Eingabe- und Signalverarbeitungsteil, sowie zwischen Signalverarbeitungsteil und Ausgabe, Potentialtrennungen einzuführen. Dies ermöglicht und erfordert dann auch eine Potentialtrennung der einzelnen Netzgeräte, oder potentialgetrennte Ausgangsspannungen eines Gerätes.

4.2   Anforderungen der Netzgeräte an das Netz

Die öffentlichen Netze in der Bundesrepublik sind zwar recht zuverlässig, aber es kommen doch Störungen vor. Diese Störungen unterteilen sich in drei Gruppen, die auch mit stark unterschiedlicher Häufigkeit auftreten.

Totale Netzausfälle von mehr als 1 min Dauer sind, wie der Leser aus eigener Erfahrung weiß, sehr selten (weniger als 10 Ausfälle pro Jahr für einen Abnehmer).

Kurzfristige Spannungszusammenbrüche oder Überspannungen werden durch Schaltvorgänge oder Blitzeinschläge hervorgerufen. Ihre Zeitdauer liegt bei 10 bis 100 ms. Man erkennt sie am gelegentlichen Flackern von Raumbeleuchtungen. Kurzfristige Spannungszusammenbrüche kommen im Jahr etwa 10 bis 100 mal vor. Dabei gilt der kleinere Wert für vermaschte Verbundnetze und der größere Wert für Netze in Industriebetrieben.

Kurzfristige Erhöhung oder Verringerung der Netzspannung, wie sie zum Beispiel durch das Zu- und Abschalten großer Verbraucher an Stichleitungen entstehen, benötigen zu ihrer Ausregelung durch die Elektrizitäts-Versorgungs-Unternehmen bis zu einigen Minuten. Innerhalb dieser Zeiten kann die Spannung in ihrer Amplitude (nicht Frequenz!) um $\pm 10\%$ und mehr schwanken.

Diese unterschiedlichen Änderungen der Netzspannung müssen auf sehr verschiedene Weise unschädlich gemacht werden.

Gegen totale Netzausfälle helfen Notstromaggregate, die sich nur für lebenswichtige oder sehr große Anlagen rentieren. Sie sollen daher hier nicht diskutiert werden.

Um kurzfristige Netzzusammenbrüche im Bereich von 10 bis 100 ms zu überbrücken, kann man im Netzgerät genügend Energie im Siebkondensator der gleichgerichteten Netzspannung speichern. Dies gilt für Netzgeräte mit Längsregler ebenso, wie für Zerhackernetzgeräte. Beide entnehmen die Energie bei Netzausfall aus dem Siebkondensator, an dem die Spannung um einen wesentlichen Betrag abgesenkt werden kann, ohne daß die Funktion des Netzgerätes in Frage gestellt ist. Wesentlich anders verhalten sich stabilisierte Netzgeräte und Ferro-Resonanz-Konstanthalter. Sie können Energie nur im Ausgangskondensator speichern. Bei Ausfall der Netzspannung sinkt die Ausgangsspannung also unmittelbar ab.

Kurzfristige Abweichungen der Netzspannung vom Nennwert werden von Netzgeräten mit Längsregler und von Zerhackernetzgeräten ausgeregelt. Der Ferro-Resonanz-Konstanthalter verhält sich hier ungünstiger, weil er zur Ausregelung lange Zeiten braucht und während dieser Zeiten keine Energie aus einem Siebkondensator entnehmen kann.

Bei Netzen, deren Spannung kurzzeitig schwankt, muß man also:

1. Beim Einsatz von Ferro-Resonanz-Konstanthaltern die Folgen von Änderungen der Netzspannung genau bedenken.

2. Bei Zerhackernetzgeräten und Geräten mit Längsregler den Siebkondensator für die zu überbrückenden Spannungsausfälle auslegen. Änderungen der Netzspannung zu höheren Werten hin, sind für Netzgeräte mit Längsregler unkritisch, weil sie nur eine höhere Verlustleistung zur Folge haben. Bei Zerhackernetzgeräten dagegen kommt es manchmal zur Zerstörung der Leistungstransistoren, weil diese in der Sustaining-Spannung zu knapp ausgelegt sind. Änderungen der Netzspannung zu niedrigen Werten hin sind meist unproblematisch.

4.3 Bauvolumen, Verlustleistung und Preise von Netzgeräten im Vergleich

Wir haben in den Abschnitten 4.1 und 4.2 gesehen, daß die Gruppe der Zerhackernetzgeräte und die Gruppe der Netzgeräte mit Längsregler keine wesentlichen Unterschiede in der Anwendbarkeit aufweisen. Dies ändert sich, sobald man auch das Bauvolumen und die abzuführende Verlustleistung in den Vergleich mit einbezieht.

Das Bauvolumen der verschiedenen Netzgerätetypen zeigt Bild 4.2 als Funktion der Ausgangsleistung. Das Zahlenmaterial bezieht sich hier auf das reine Netzgerät, Belüftungs- oder Überwachungseinrichtungen sind nicht berücksichtigt. Weiterhin sind auch Labornetzgeräte ausgeklammert. Es zeigt sich, daß die Durchflußwandler vom Raumbedarf her optimal sind.

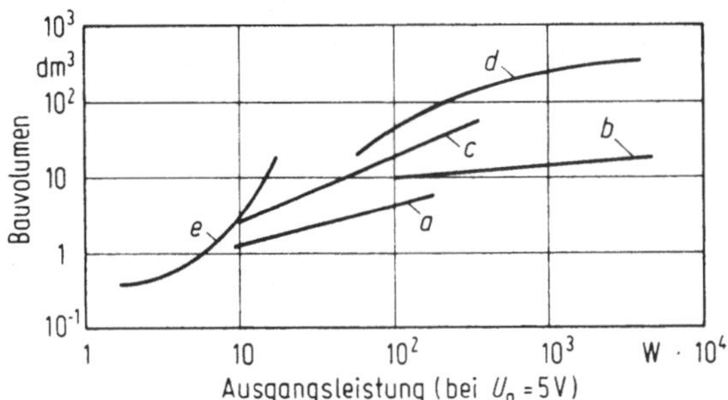

Bild 4.2. Übersicht über das Bauvolumen verschiedener Netzgerätetypen als Funktion der Ausgangsleistung.
a Eintakt-Durchflußwandler, b Zerhackernetzgeräte mit gesteuerter Vollbrücke, c Netzgeräte mit Längsregler, d Ferro-Resonanz-Konstanthalter, e Sperrwandler

Mit dem Bauvolumen eng verkoppelt — über die Kühlung und Abfuhr der erzeugten Wärme — ist der Wirkungsgrad. Wir erinnern uns an die für eine Ausgangsspannung von 5 V ermittelten Wirkungsgrade
— Eintaktdurchflußwandler $\approx 80\%$
— Zerhackernetzgeräte mit gesteuerter Vollbrücke $\approx 80\%$
— Netzgeräte mit Längsregler $\leqq 50\%$
— Ferro-Resonanz-Konstant $\leqq 60\%$
— Sperrwandler $\approx 60\%$.
Der Anwender, der sich im Stromverbrauch seines Entwicklungsobjektes verschätzt hat und der ursprünglich ein Netzgerät mit Längsregler einsetzen wollte, kann also zum Durchflußwandler greifen. Er wird weder mehr Bauvolumen benötigen, noch mehr Wärme abführen müssen.
Geradezu ideal sind die Durchflußwandler für die Anwender, die für die Stromversorgung bei der Projektierung keinen Platz mehr finden, da Durchflußwandler — gleich ob Eintakt- oder Brücken-Durchflußwandler — das geringste Bauvolumen je Leistungseinheit benötigen.
Jeder Anwender sollte dem Netzgerät aber auch Kühlung zukommen lassen. Auch ein Netzgerät mit einem Wirkungsgrad von 80% oder darüber erzeugt natürlich Verlustwärme. Beim Einbau von Netzgeräten an unzugänglichen Stellen ist nachzuprüfen, ob die Kühlluft sich auch an den zu kühlenden Flächen entlang bewegt! Es wurde schon manches Netzgerät dadurch zerstört, daß die Kühlluft nicht den Kühlkörper umflossen hat, sondern am Netzgerät vorbei geflossen ist.

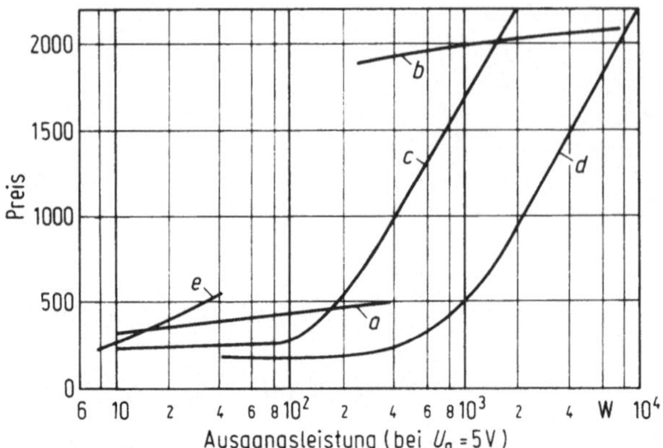

Bild 4.3. Preise verschiedener Netzgerätetypen als Funktion der Ausgangsleistung.
a Eintakt-Durchflußwandler, *b* Netzgerät mit gesteuerter Vollbrücke, *c* Netzgerät mit
Längsregler, *d* Ferro-Resonanz-Konstanthalter, *e* Netzgerät mit Sperrwandler

Die Preise für verschiedene Netzgerätetypen sind überschläglich in
Bild 4.3 als Funktion der Ausgangsleistung aufgetragen. Es handelt
sich hier nicht um absolute, sondern um relative — auf ein bestimmtes
Datum bezogene — Preise für Netzgeräte, die in großen Stückzahlen
verkauft wurden. Bild 4.3 präsentiert auch die Rechnung für die guten
Eigenschaften der Durchflußwandler in Bezug auf Bauvolumen und
Wirkungsgrad. Man erkennt, daß die Preise der Durchflußwandler
(Kurve *a*) nur in einem ganz begrenzten Leistungsgebiet mit anderen
Netzgeräten konkurrenzfähig sind.
Deutlich zu erkennen ist auch, daß nur das Netzgerät mit Längsregler (*c*)
und der Ferro-Resonanz-Konstanthalter (*d*) in einem großen Leistungsbereich wirtschaftlich sind. Für Zerhackernetzgeräte wird unter etwa
300 W der Eintakt-Durchflußwandler (*a*) und darüber der Durchflußwandler mit gesteuerter Vollbrücke (*b*) eingesetzt.

4.4   Funktionstest an Netzgeräten

Die technischen Beschreibungen von Netzgeräten werden von den Herstellern nicht einheitlich und manchmal auch vielleicht nicht ganz ein-
deutig abgefaßt. Da Netzgeräte als Bauteile aufgefaßt werden sollten,

erscheint es nur sinnvoll, sie einer Eingangskontrolle zu unterziehen und dabei auf Einhaltung der propagierten oder gewünschten Daten zu untersuchen. Man benötigt dazu ein gewisses Instrumentarium, das hier kurz aufgeführt wird:

— Einen Oszillografen mit einem Differenzeinschub von genügender Empfindlichkeit (5 mV/cm).
— Ein Digitalvoltmeter.
— Einen Stelltransformator (wenn möglich als Trenntransformator ausgeführt).
— Gleichstromlasten.
— Eine schnell veränderliche Last.
— Ein Kontaktthermometer.

Alle diese Geräte sind, bis auf eine schnell veränderliche Last, in jedem Industrielabor zu finden. Die veränderliche Last kann man noch nicht kaufen. Hier bleibt nur der Selbstbau übrig. Bild 4.4 zeigt eine Schaltung, die als Stromversorgung das zu untersuchende Netzgerät selbst benutzt.

Jeder, der Netzgeräte untersucht, sollte sich der Mühe unterziehen, sich eine solche veränderliche Last aufzubauen.

Die Schaltgeschwindigkeit von T1 bestimmt die Schaltgeschwindigkeit von ΔI_a, wenn man den Stromweg mit niedriger Selbstinduktion aufbaut. Das heißt natürlich auch, daß der Widerstand R_1 durch die Parallelschaltung mehrerer Widerstände erzeugt wird.

Die Eingangsuntersuchungen an einem Netzgerät beliebiger Art sollen hier kurz aufgeführt werden.

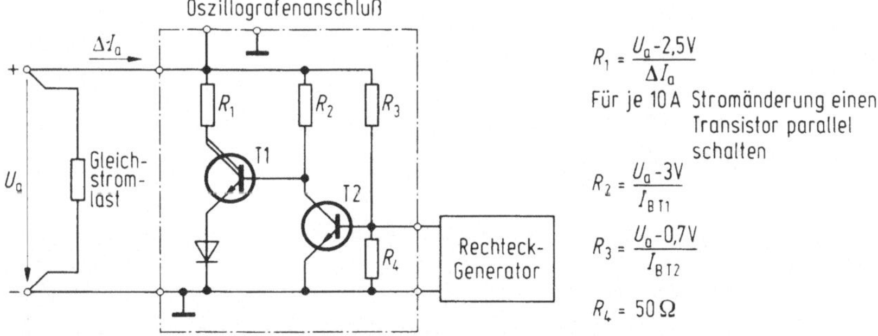

$$R_1 = \frac{U_a - 2{,}5\,\text{V}}{\Delta I_a}$$

Für je 10 A Stromänderung einen Transistor parallel schalten

$$R_2 = \frac{U_a - 3\,\text{V}}{I_{B\,T1}}$$

$$R_3 = \frac{U_a - 0{,}7\,\text{V}}{I_{B\,T2}}$$

$$R_4 = 50\,\Omega$$

Bild 4.4. Schaltung für eine schnell veränderliche Last für Netzgeräte

4.4.1 Funktionstest Ausgangsspannung, Ausgangsstrom, statischer Innenwiderstand

1. Wir speisen das Netzgerät aus dem Stelltransformator und stellen dabei den niedrigsten zulässigen Wert der Netzspannung ein. Wir belasten mit dem maximalen Ausgangstrom und messen
(a) die Restwelligkeit der Ausgangsspannung,
(b) den genauen Wert der Ausgangsspannung U_{a1}.
2. Anschließend entlasten wir das Netzgerät; (Vorsicht: Bei manchen Schaltreglern ist eine Grundlast vorgeschrieben!) Jetzt messen wir die Ausgangsspannung U_{a2}.
Der statische Innenwiderstand errechnet sich zu

$$R_i = \frac{U_{a2} - U_{a1}}{I_{a\,max}}. \qquad (4.1)$$

3. Im Anschluß an diese Messung stellen wir den Stelltransformator auf den höchsten zulässigen Wert der Netzspannung ein und messen im Leerlauf die Ausgangsspannung U_{a3}, schließen das Netzgerät anschließend kurz und messen (wenn zugänglich) an den Kühlkörpern die Temperaturen, die sich einstellen. Überschreiten die Temperaturzunahmen 20 bis 30 K, sollte man darauf achten, daß die vom Hersteller vorgeschriebenen Daten für die Kühlung eingehalten werden. Nachdem diese Kühlbedingungen überprüft sind, müssen jetzt 1 bis 2 Stunden gewartet werden, damit sich im Netzgerät die endgültigen thermischen Verhältnisse einstellen können. In dieser Zeit kann man den Einfluß der Temperatur auf die größte statische Abweichung der Ausgangsspannung (U_{a3}) ermitteln

$$\Delta U_{a1} = U_{a3} - U_{a1}. \qquad (4.2)$$

Ergibt sich eine Differenz zwischen U_{a2} und U_{a1}, so muß Gleichung (4.1) korrigiert werden.

4.4.2 Kühlung, Ein- und Ausschalttests

1. Wenn die Temperatur im Netzgerät konstant ist, messen wir die Temperaturen an den kritischen Halbleitern und denken daran, daß die Lebenserwartung der Halbleiterbauelemente mit steigender Tem-

Bild 4.5. Testschaltung für das Ein- und Ausschalten von Netzgeräten

peratur sinkt. Kommt man bei den verwendeten Halbleitern in die Nähe der zulässigen Sperrschicht-Temperatur, sollte man sich überlegen, ob die Kühlung durch stärkere Lüftung oder durch bessere Führung des Kühlmittels noch verbessert werden kann.

2. Zur Überprüfung des Ein- und Ausschaltverhaltens wird der Stelltransformator auf die höchste zulässige Netzspannung eingestellt und das Netzgerät am Ausgang kurzgeschlossen. Der Schalter S in Bild 4.5 wird dann wiederholt geöffnet und geschlossen.

3. Hat das Netzgerät diese Prozedur überstanden, kann man sie im Leerlauf wiederholen. Dieser Versuch ist aber weniger aufschlußreich als der mit kurzgeschlossenem Ausgang. Bei dieser Gelegenheit sollte man gleich überprüfen, wie der zeitliche Verlauf der Ausgangsspannung beim Ein- und Ausschalten ist. Schwingt das Netzgerät über, wird dieser Wert als ΔU_{a2} registriert.

4. Die maximale Abweichung der Ausgangsspannung ΔU_a ergibt sich meist angenähert zu

$$\Delta U_a \approx \Delta U_{a1} + \Delta U_{a2} \,. \tag{4.3}$$

Exakt ist ΔU nach Bild 4.6 zu ermitteln.

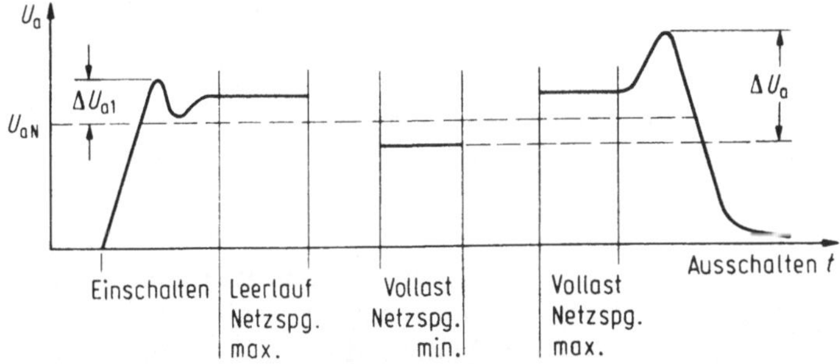

Bild 4.6. Zeitlicher Verlauf der Ausgangsspannung eines Netzgerätes beim Ein- und Ausschalten und unter verschiedenen Bedingungen von Last und Netzspannung

4.4.3 Die Reaktion der Ausgangsspannung auf eine Laständerung

Die bisher besprochenen Funktionstests waren ausschließlich Eigenschaften, die den Betrieb des Netzgerätes betreffen, die der Gerätehersteller gewährleisten muß und auf die der Anwender nur wenig Einfluß nehmen kann. (Ausnahme: Überspitzte Forderungen an die Konstanz und Restwelligkeit der Ausgangsspannung).

Die Reaktion der Ausgangsspannung auf eine Änderung des Laststroms hängt, wie wir bereits gesehen haben, für einen bestimmten Netzgerätetyp von zwei Dingen ab, nämlich von der gewählten Netzgerätetechnologie und der Höhe der Stromänderung.

Der Anwender schreibt die Art des Netzgerätes vor und macht häufig gleichzeitig über Höhe und Geschwindigkeit der Laststromänderung Angaben, die die später auftretenden Werte um ein Vielfaches übertreffen. Der Anwender macht diese Angaben natürlich nicht aus Bosheit, sondern mangels besserer Kenntnisse, die im Planungsstadium einfach noch nicht vorliegen.

Der Verfasser möchte es daher hier wagen, Zahlenwerte über Stromänderungen zu veröffentlichen, die zwar aus Messungen resultieren, die aber natürlich nicht repräsentativ sein können. Ich bitte daher, diese Zahlenwerte mit entsprechender Vorsicht anzuwenden.

1. Messungen an einem Großrechner mit MECL I-Schaltkreisen: Bei Stromversorgungseinschüben mit 50 A Belastung war der Unterschied zwischen dem größten und dem kleinsten Stromwert $<4\%$.
2. Messungen an mit TTL-Schaltkreisen aufgebauten Geräten ergaben Stromänderungen $<10\%$.
3. Messungen an Geräten mit Operationsverstärkern ergaben ebenfalls nur Unterschiede von $<10\%$ zwischen dem größten und dem kleinsten Stromwert.

Diese Zahlenwerte gelten nicht für Kernspeicher!

Stromänderungen von 30% und mehr halte ich bei „normalen Elektroniken" nicht für realistisch!

Starke und kurzzeitige Stromänderungen sollte man auch nicht von den Netzgeräten ausregeln wollen. Die dafür notwendigen Energiespeicher, Tantalkondensatoren oder Elektrolytkondensatoren, sollte man möglichst dicht am Verbraucher anordnen. Man vermeidet damit die induktiven Spannungsabfälle auf den Zuleitungen.

Ein Beispiel für eine sinnvolle Pufferung am Verbraucher zeigt Bild 4.7.

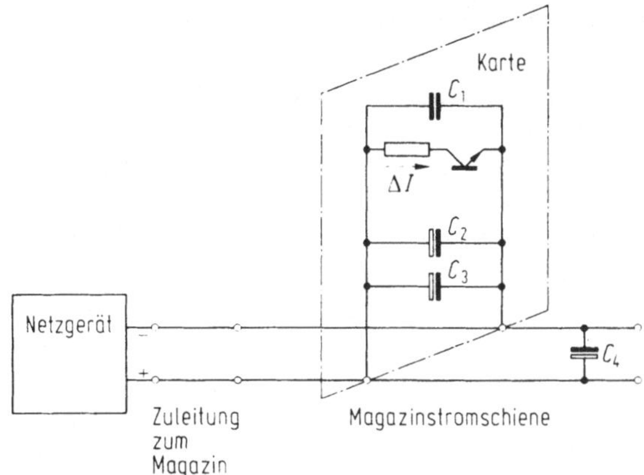

Bild 4.7. Stützkondensatoren für einen Verbraucher mit stark unterschiedlicher Stromaufnahme.
C_1: Keramischer Kondensator
C_2: Tantalkondensator
C_3: Elektrolytkondensator
C_4: Elektrolytkondensatoren auf der Stromschiene

Sie besteht im einzelnen aus:
1. Dem keramischen Kondensator C_1 zur Pufferung von Stromänderungen im Bereich von einigen ns direkt am Verbraucher. (Dieser Kondensator hat sich bei TTL-Schaltkreisen schon lange eingebürgert).
2. Der Kondensator C_2 übernimmt die Stromänderung, wenn die Spannung an C_1 sich wesentlich ändert. Er muß die Stromänderung im Zeitbereich von etwa 10 ns bis 1 µs übernehmen.
3. Die parallelgeschalteten Kondensatoren C_3 und C_4 übernehmen die Stromänderungen im Zeitbereich von 1 µs bis zum Einsatz der Regelung des Netzgerätes; sie sind als Elektrolytkondensatoren vorgesehen. C_3 übernimmt dabei die Stromänderungen auf der Karte und C_4 die noch verbleibenden Stromänderungen auf der Magazinstromschiene.

Die eigentliche Reaktion der Ausgangsspannung auf eine Änderung des Laststromes beobachten wir an einem Gerät nach der Schaltung von Bild 4.4. Nachdem wir einen sinnvollen Wert von ΔI_a festgelegt haben, wird mit dem Rechteckgenerator Frequenz *und* Dauer der Laststromänderung variiert. Die Ausgangsspannung wird dabei mit dem Oszillograph beobachtet.

Treten bei bestimmten Frequenzen starke Änderungen der Ausgangsspannung auf, kann das folgende Ursachen haben:

1. Mangelhafte Dimensionierung der Energiespeicher in Verbindung mit dem Transformator im Netzgerät
2. Resonanzerscheinungen im Netzgerät, die sich bei Zerhackernetzgeräten nicht völlig vermeiden lassen.

Resonanzerscheinungen kann man dadurch bekämpfen, daß man die Änderungsgeschwindigkeit von ΔI_a verringert — was ja auch die Pufferkondensatoren in Bild 4.7 tun. Hat man $\Delta I_a/\Delta t$ auf einen entsprechenden — der tatsächlichen Schaltung entsprechenden — Wert gebracht, so kann man über die Brauchbarkeit des gesamten Systems aus Netzgerät, Zuleitungen, Verbraucher sowie Pufferung entscheiden.

Wendet man die Abschnitte 4.3 und 4.4 konsequent an, so kommt man zu einer wirtschaftlichen Stromversorgung, deren Betrieb störungsfrei sein wird.

Sachverzeichnis

Halbleiter-Elektronik

Herausgeber: Professor Dr. Walter Heywang,
Wissenschaftlicher Chefberater der
Siemens AG, München, Professor Dr. Rudolf
Müller, Inhaber des Lehrstuhls für Technische
Elektronik der Technischen Universität
München

Band 1: R. Müller
Grundlagen der Halbleiter-Elektronik
2., durchgesehene Auflage. 1975. 122 Abbildungen. 187 Seiten
DM 38,-
ISBN 3-540-06921-6
Inhaltsübersicht: Bindungsmodell der Halbleiter. – Elektrische Eigenschaften der Halbleiter. – Bändermodell der Halbleiter. – Störung
des thermischen Gleichgewichts im homo-
genen Halbleiter und Relaxation. – Inhomo-
gene Halbleiter im thermischen Gleichge-
wicht. – Ladungsträgerttransport. – Der
pn-Übergang. – Anhang.

Band 2: R. Müller
Bauelemente der Halbleiter-Elektronik
1973. 253 Abbildungen. IV, 226 Seiten.
DM 47,-
ISBN 3-540-06224-6
Inhaltsübersicht: Physikalische Größen:
Dioden. – Injektionstransistoren. – Feldeffekt-
transistoren. – Thyristoren. – Spezielle Halb-
leiterbauelemente. – Anhang.

Band 3: W. Heywang, H. W. Pötzl
Bänderstruktur und Stromtransport
1976. 119 Abbildungen. 281 Seiten.
DM 58,-
ISBN 3-540-07565-8
Inhaltsübersicht: Einleitung. – Das Bändermodell. – Das gestörte Gitter. – Rekombina-
tion. – Stromtransport. – Literaturverzeich-
nis. – Sachverzeichnis.

Band 4: I. Ruge
Halbleiter-Technologie
1975. 210 Abbildungen. 362 Seiten.
DM 78,-
ISBN 3-540-06626-8
Inhaltsübersicht: Physikalische Größen: Der
ideale Einkristall. – Der reale Kristall. – Her-
stellung von Einkristallen. – Dotiertechno-
logie. – Der Metall-Halbleiter-Kontakt. – Meß-
verfahren zur Ermittlung von Halbleiterpara-
metern. – Kristallvorbereitung. – Grundzüge

der Planartechnik. – Gehäuse- und Montage-
technik. – Spezielle Technologien für die Her-
stellung Integrierter Schaltungen. – Einführung
in die Technik der Schaltungsintegration.

Band 5: E. Spenke
pn-Übergänge
Ihre Physik in Leistungsgleichrichtern und
Thyristoren
1979. 98 Abbildungen. Etwa 160 Seiten
ISBN 3-540-09270-6
In Vorbereitung
Inhaltsübersicht: Bezeichnungen. – Einleitung. – Der einfache pn-Übergang. – Die
psn-Struktur. Sperrichtung. – Die pin-Struk-
tur. Durchlaßrichtung. – Der Thyristor.

Band 6: H. Schrenk
Biopolare Transistoren
1978. 109 Abbildungen. 242 Seiten.
DM 54,-
ISBN 3-540-08491-6
Inhaltsübersicht: Grundlagen: Funktionsweise. Großsignalverhalten und Kennlinien.
Kleinsignalverhalten. – Kenndaten: Stromverstärkung, Hochfrequenzverhalten. Schaltver-
halten. Rauschen. – Grenzdaten: Zuverlässig-
keit und thermisches Verhalten. Sperrverhal-
ten. Zweiter Durchbruch. Verschleißvor-
gänge. – Technische Ausführungen: Nieder-
frequenz-Planartransistoren. Leistungstransistoren. Hochfrequenztransistoren. –
Anhang: Darlingtontransistoren.

Band 7: H. Beneking
Feldeffekttransistoren
1973. 113 Abbildungen. 246 Seiten.
DM 47,-
ISBN 3-540-06377-3
Inhaltsübersicht: Besondere Bezeichnungen
und Begriffe. – Übersicht über die verschie-
denen Arten von Feldeffekttransistoren. –
Grundstrukturen und ihre Wirkungsweise. –
Verfeinerte Theorie. – Eigenschaften und
Steuerstrecke. – Computerlösungen. – Schal-
tungseigenschaften. – Stabilität und Tempe-
raturverhalten. – Rauschen. – Anwendungen
der verschiedenen FET-Arten.

Preisänderungen vorbehalten

Springer-Verlag
Berlin Heidelberg New York